恋上手编花饰

日本靓丽出版社 编著　周小燕 译

目　录

2　春花

4　果实花样

6　花束

8　花朵花样

12　蝴蝶结花样

14　编织花边

16　活用素材

20　雅致颜色

22　使用蕾丝

24　多种素材

28　发圈

30　饰品与挂件

32　本书中主要使用的线

79　基础技巧

U0383912

河北科学技术出版社

春花

娇艳的春花，带有些许优雅。
不经意地佩戴，正和春日相得益彰。

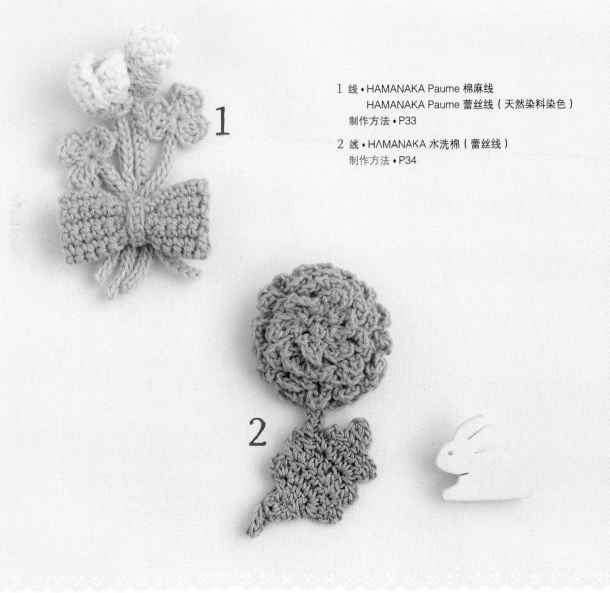

1 线 ◆ HAMANAKA Paume 棉麻线
　　HAMANAKA Paume 蕾丝线（天然染料染色）
　制作方法 ◆ P33

2 线 ◆ HAMANAKA 水洗棉（蕾丝线）
　制作方法 ◆ P34

白三叶草和蒲公英花饰

将春日野外盛开的白三叶草和蒲公英做成花饰。
可爱又简单，编织容易，尽享编织乐趣。

紫罗兰饰品

将两朵大紫罗兰花样重叠做成发绳。
小紫罗兰花样装饰上蝴蝶结做成胸针，
一朵则装饰上珠子做成发夹。

3、4、5
线 ◆ HAMANAKA 水洗棉（蕾丝线）
制作方法 ◆ P36

3

果实花样

圆滚滚的花样，既有立体感，又不失可爱。
好似走入画册中的森林。

树木果实花饰

树木果实和叶子两种花样组合编织而成的简单花饰。
虽然简单，但可以搭配各种造型。

线 ◆ HAMANAKA Paume 蕾丝线（天然染料染色）
制作方法 ◆ P39

6

7

野草莓胸针

美味的野草莓胸针，可爱度百分百！
好似摘下的草莓，装饰在草编包上正相宜。

线 ◆ HAMANAKA 水洗棉
制作方法 ◆ P38

花束

一朵朵小花扎成的花束花样。享受配色的惊喜吧!

8

happy birthday

娇艳花束

条纹蝴蝶结装饰可爱的花束胸针。
作为礼物送出，对方也会欣喜不已吧!

线 ◆ HAMANAKA 水洗棉（蕾丝线）
制作方法 ◆ P40

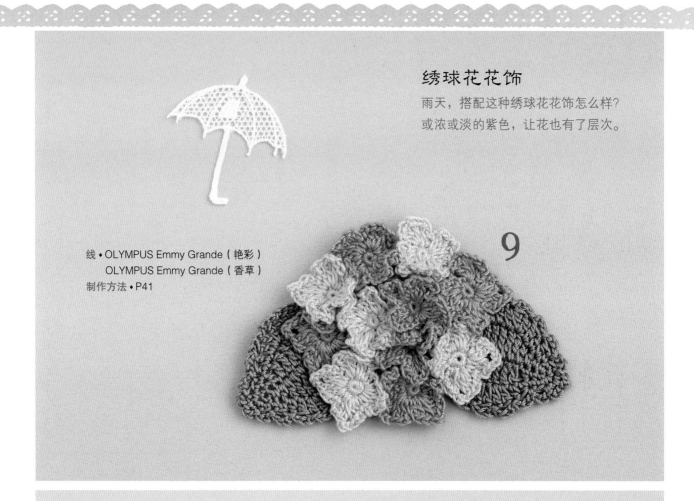

绣球花花饰

雨天，搭配这种绣球花花饰怎么样？
或浓或淡的紫色，让花也有了层次。

线 ◆ OLYMPUS Emmy Grande（艳彩）
　 OLYMPUS Emmy Grande（香草）
制作方法 ◆ P41

9

10

线 ◆ HAMANAKA 水洗棉
制作方法 ◆ P35

野花花饰

两种花朵花样并排，花圈般的野
花花束就做好了。装饰在包上也
很合适。

花朵花样

可爱的花朵花样，
颇受欢迎的必选花样。
改变组合方法可变换出多种单品。

11

12

花朵花饰与发饰

4种花样组合而成的花饰与发饰
系列。可依据个人喜好选择颜色、
材料和组合方法。

13

11 线◆HAMANAKA 亚麻C
　　HAMANAKA 亚麻C（银线）
　　HAMANAKA Paume 蕾丝线（天然染料染色）
12 线◆HAMANAKA 亚麻C
　　HAMANAKA Paume 蕾丝线（天然染料染色）
13 线◆HAMANAKA 亚麻C（银线）
　　HAMANAKA Paume 蕾丝线（天然染料染色）
制作方法◆P42

14

16

15

14、15、16
线 ◆ OLYMPUS 天然麻
制作方法 ◆ P44

发夹和发圈系列

一朵小花花样装饰的发夹和多朵相同
花样装饰的分量感十足的发圈系列。

蓬松花饰

丝带编织而成的大小花样，两朵重叠，分量感十足。18 用同一种线，17 的内侧花样由混入金线的线编织而成。

18

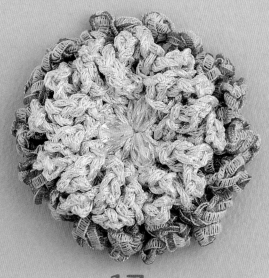

17

17　线 ◆ OLYMPUS Bloom
　　　　OLYMPUS Majolica
18　线 ◆ OLYMPUS Bloom
　　制作方法 ◆ P43

小花花样饰品

用编花器编出小花花样做成发饰。可爱的发饰，有再多也不嫌多。19、22 是弹簧夹，20、21 是一字夹，23、24 是水滴夹，25 则编成发绳。

19

23

20   **21**

24

25

22

19~25 线·丝带 ◆ HAMANAKA Laco Lab. Lacolab 材料包
制作方法 ◆ P46

蝴蝶结花样

给新手的推荐，编织简单又可爱的蝴蝶结花样。

27

26

条纹蝴蝶结胸针

配色可爱的蝴蝶结胸针，只用
短针编织，非常简单。配色可
根据喜好自由发挥。

线◆HAMANAKA 水洗棉（蕾丝线）
制作方法◆P50

少女的胸针与发夹

28 是蕾丝般的镂空少女胸针。29 是
在梯形蕾丝般的蝴蝶结中间装饰上小
朵玫瑰的发夹。

28 线 ◆ OLYMPUS 天然麻
　制作方法 ◆ P45
29 线 ◆ HAMANAKA 亚麻 C
　制作方法 ◆ P52

28

29

编织花边

笔直的花边，根据个人喜好决定分量感和长度。

31

30

30、31
线 • OLYMPUS 天然麻
制作方法 • 30–P54、31–P51

玫瑰花饰与发绳

编织花边，卷起来就做成玫瑰花样。
多色配色或者单色，都分量感十足。

项链与戒指系列

编入串珠的花边，有蕾丝般的细腻质感。
编长一点可做成项链，编短一点可以卷成一个圈，
做出同系列的戒指。

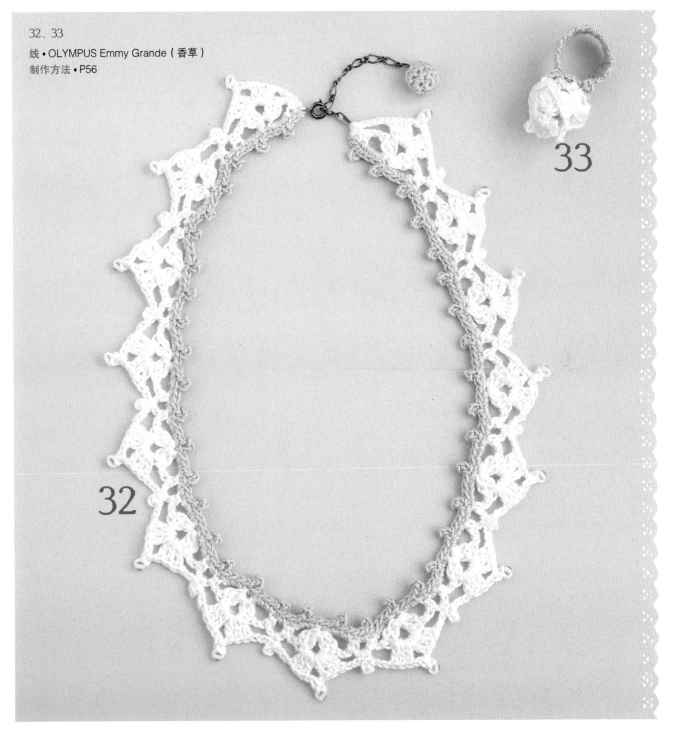

32、33
线 • OLYMPUS Emmy Grande（香草）
制作方法 • P56

33

32

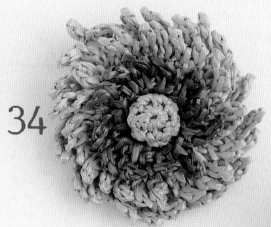

活用素材

具有质感的线，活用素材的独特效果。
编织简单，彰显个性，也十分有趣。

34

35

夏季花饰

类似拉菲草的素材，做成夏季花饰。34 是
像向日葵一样的花饰。35 是活用花边形状
的流苏，做成大朵花。

34 线 HAMANAKA 编织草
　　制作方法 ◆ P58
35 线 ◆ HAMANAKA 编织草（流苏）
　　　 HAMANAKA 编织草
　　制作方法 ◆ P53

麻线花饰

混入多种色彩的麻线编织而成的花饰。
在中心缝上切合轻便舒适主题的木珠。

线 • DARUMA 手编线 Cafe 黄麻线
制作方法 • P59

36

包袋饰品

两种素材组合而成的花朵包袋饰品。
类似纸一般的线编成花瓣，石板般的
线编成中间的花蕊。搭配颜色使整体
协调。

37

线 ◆ DARUMA 手编线 Cafe Green
DARUMzA 手编线 Craft Club
制作方法 ◆ P60

38

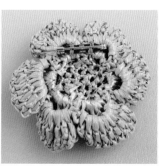

雪酪色花饰

泛着光泽的雪酪色做成清凉、优雅
的花饰。享受渐变色的乐趣吧！

线 ◆ HAMANAKA 编织草
制作方法 ◆ P61

雅致颜色

单色或者有光泽的线编织而成，成熟优雅。
可与雅致的衣服搭配。

39

40

不同素材的花饰

参照同样的编法，变换素材，改变
花蕊部分。每一个皆是佳品。

39 线 ◆ HAMANAKA Brillian
40 线 ◆ DARUMA 手编线 麻线与银线
制作方法 ◆ P62

清秀花饰

米白色的线编织而成的花束花饰，清新
秀丽。花蕊由珍珠串珠装饰而成。

线 ◆ OLYMPUS Souffle（细线）
制作方法 ◆ P64

41

使用蕾丝

蕾丝花边花饰

蕾丝搭配线编织而成的蝴蝶结花边，卷起来固定好。非常有装饰感，所以经常用来搭配衣服。

线 • HAMANAKA 水洗棉（蕾丝线）
制作方法 • P66

42

22

43

宽幅蕾丝花饰

花束般的花饰和宽幅蕾丝的组合。
立体花朵花样的里面缝上小串珠，
细腻柔和。

线 ◆ HAMANAKA 亚麻 C
制作方法 ◆ P65

多种素材

蝴蝶结或徽章和饰品的配件组合。
选择个性配件会更添乐趣。

44

45

水滴夹与耳环

44 中两种线无需编织，直接卷起做成的蝴蝶结水滴夹（发饰）。
45 的穿孔耳环上缝上小串珠，细腻柔和。

44、45 线、蕾丝、丝带 ◆ HAMANAKA Laco Lab. Lacolab 材料包
　　制作方法 ◆ 44-P68、45-P69

46

47

闪耀发饰

使用亮闪闪的丝带做成的发圈和发绳系列。发圈是以丝带和线编织而成,发绳是丝带做成花朵装饰而成。

46、47

线、丝带 ◆ HAMANAKA Laco Lab. Lacolab 材料包
制作方法 ◆ 46–P70、47–P71

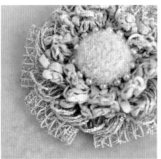
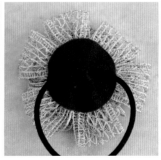

徽章

无需编织即可做成的简单徽章。蕾
丝和徽章简单又提升格调，是有
多种用途的百搭单品。

Rose Blanche

48

线、蕾丝 ◆ HAMANAKA Laco Lab. Lacolab 材料包
制作方法 ◆ P72

49

50

49、50
线、蕾丝 • HAMANAKA Laco Lab. Lacolab
材料包
制作方法 • 49-P73、50-P72

使用流苏的饰品与项链

今年颇受欢迎的流苏，无需编织即可
做成。搭配小配件或者链子，同系列
的饰品和项链就做好了。

发圈

超人气的发圈单品，设计不同，各有千秋。
可根据个人喜好选择颜色。

51

线、蕾丝◆HAMANAKA Laco Lab. Lacolab
　　　材料包
制作方法◆P78

52

线、蕾丝◆HAMANAKA Laco Lab.
　　　Lacolab 材料包
制作方法◆P70

少女发圈

编入串珠、系上流苏的发圈和锁针
编织为底、镶嵌上小朵蕾丝花样的
发圈。每一个都是少女般的柔粉色；
甜甜蜜蜜。

蝴蝶结发圈

大朵蝴蝶结花样，很有冲击力和分量感的发圈。
作为手链佩戴也很可爱。

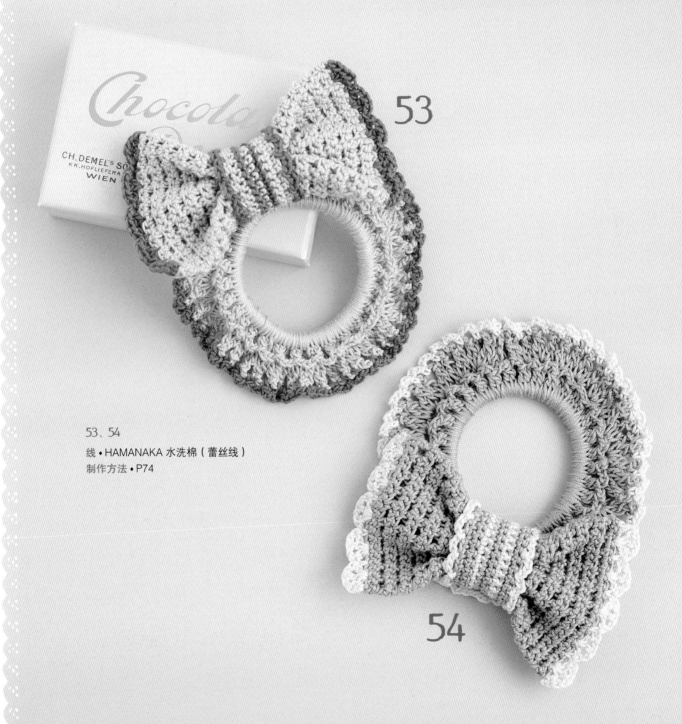

53

54

53、54
线 ◆ HAMANAKA 水洗棉（蕾丝线）
制作方法 ◆ P74

饰品与挂件

摇曳生姿的设计,
可爱的饰品与挂件。
装饰在包袋或者小玩意上,
享受改变的乐趣。

包袋饰品

流苏、钥匙花样、小鸟蕾丝……
款款都是少女喜爱的花样。因为
拆卸方便,可随心情更换。

线、蕾丝、印花布 ◆ HAMANAKA Laco
　　　　　　　　　Lab. Lacolab 材料包
制作方法 ◆ P76

55

使用蕾丝的挂件

轻盈的小花样，和蕾丝组合做成挂件。
用少量的线即刻编完，轻松简单。

56、57
线 ◆ HAMANAKA 水洗棉（蕾丝线）
制作方法 ◆ 56-P76、57-P77

本书中主要使用的线

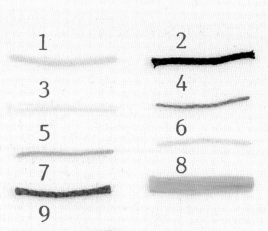

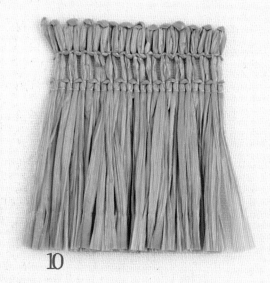

	线名	每团	针号（适合针号）
1	HAMANAKA Paume 蕾丝线（天然染料染色）	25g/团（约107m）	3/0 号钩针
2	HAMANAKA Brillian	40g/团（约140m）	4/0 号 ~ 5/0 号钩针
3	HAMANAKA Paume 棉麻线	25g/团（约66m）	5/0 号钩针
4	HAMANAKA 亚麻 K	25g/团（约62m）	5/0 号钩针
5	HAMANAKA 水洗棉（蕾丝线）	25g/团（约104m）	3/0 号钩针
6	HAMANAKA 亚麻 C（银线）	25g/团（约100m）	3/0 号钩针
7	HAMANAKA 水洗棉	40g/团（约102m）	4/0 号钩针
8	HAMANAKA 编织草	40g/团（约80m）	5/0 号 ~ 7/0 号钩针
9	HAMANAKA 亚麻 C	25g/团（约104m）	3/0 号钩针
10	HAMANAKA 编织草（流苏）	1 团（约90m）	
11	OLYMPUS Emmy Grande（艳彩）	10g/团（约44m）	0 号 ~ 2/0 号蕾丝针
12	OLYMPUS Emmy Grande（香草）	20g/团（约88m）	0 号 ~ 2/0 号蕾丝针
13	OLYMPUS 天然麻	25g/团（约78m）	3/0 号 ~ 4/0 号钩针
14	OLYMPUS Souffle（细线）	25g/团（约123m）	3/0 号 ~ 4/0 号钩针
15	OLYMPUS Majolica	25g/团（约50m）	6/0 号 ~ 7/0 号钩针
16	OLYMPUS Bloom	25g/团（约63m）	8/0 号 ~ 10/0 号钩针
17	DARUMA 手编线 Craft Club	30g/团（约75m）	6/0 号 ~ 7/0 号钩针
18	DARUMA 手编线麻线 & 银线	25g/团（约109m）	4/0 号 ~ 5/0 号钩针
19	DARUMA 手编线 Cafe 黄麻线	25g/团（约36m）	6/0 号 ~ 7/0 号钩针
20	DARUMA 手编线 Cafe Green	25g/团（约58m）	5/0 号 ~ 6/0 号钩针

21

HAMANAKA Laco Lab.
Lacolab 材料包

a
水溶蕾丝花边
水溶花边（30cm）
纱线 A（5m）
纱线 B（5m）

b
丝带（50cm）
纱线 A（5m）
纱线 B（5m）
纱线 C（5m）

c
拉舍尔蕾丝花边（1m）
纱线 A（5m）
纱线 B（5m）
印花布（1m）

P2 1

◆用线 HAMANAKA 手工编织线

Paume 蕾丝线（天然染料染色）黄绿色（71）5g、
粉色（74）5g

Paume 棉麻线 白色（201）5g

◆工具

5/0 号、3/0 号钩针

◆配件

胸针（25mm）1 个

◆制作要点

花朵、花萼与茎部 A、花萼与茎部 B、叶子 A 和叶子
B 环形起针，参照图示编织。

带子 A、带子 B 锁针起针，参照图示编织。

---

❶编织花朵、花萼、带子和叶子。

花朵 白色 4 朵 5/0 号钩针

收针

2.5cm

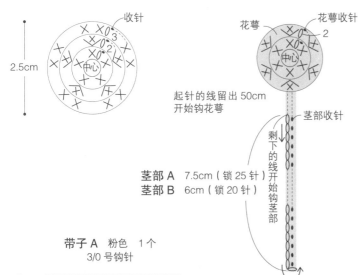

花萼、茎部 A 黄绿色 1 个
花萼、茎部 B 黄绿色 1 个
3/0 号钩针

花萼

花萼收针
2

起针的线留出 50cm
开始钩花萼

茎部收针

剩下的线开始钩茎部

茎部 A 7.5cm（锁 25 针）
茎部 B 6cm（锁 20 针）

带子 A 粉色 1 个
3/0 号钩针

14

5cm
（14 行）

5

1

起针
锁 12 针

4.5cm（12 针）

带子 B 粉色 1 个
3/0 号钩针

0.5cm
（1 行）

1

锁 10 针

3.5cm（10 针）

叶子 A 黄绿色 1 片
叶子 B 黄绿色 1 片

3/0 号钩针

2cm

中心

1
起针
拉紧线圈锁针

收针

A 6.5cm（锁 20 针）
B 5cm（锁 15 针）

---

❷组合花朵和花萼。

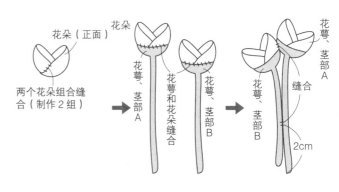

---

❸完成蝴蝶结。

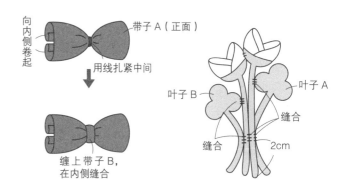

向内侧卷起

带子 A（正面）

用线扎紧中间

缠上带子 B，
在内侧缝合

❹缝合叶子和茎部。

叶子 B

叶子 A

缝合

缝合

2cm

❺固定带子、胸针。

完成

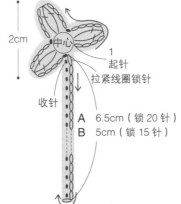

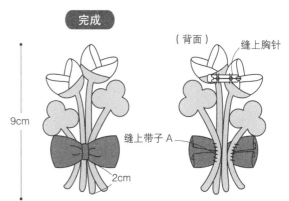

（背面）

缝上胸针

9cm

缝上带子 A

2cm

P2　2

◆用线 HAMANAKA 手工编织线
水洗棉（蕾丝线）芥黄色（104）5g、
绿色（108）5g
◆工具
3/0 号钩针
◆配件
胸针（30mm）1 个

◆制作要点
花朵、叶子、茎部锁针起针，参照图示编织。

❶编织花朵、叶子、茎部。

叶子　绿色　1 片

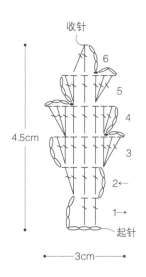

花朵　芥黄色　1 朵

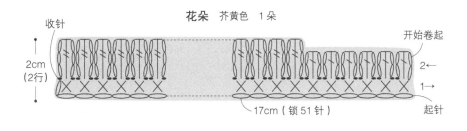

收针
2cm
（2行）
17cm（锁 51 针）
开始卷起
2←
1→
起针

茎部　绿色　1 个

收针
0.6cm
（1行）
起针
锁 18 针
6cm（18针）
1←

❷完成花朵。

花朵（正面）
开始卷起
全部卷起

花朵（背面）
全部卷起，
缝合起针处

花朵（正面）
整形
5cm

❸缝合花朵和茎部、胸针，缝上叶子。

完成

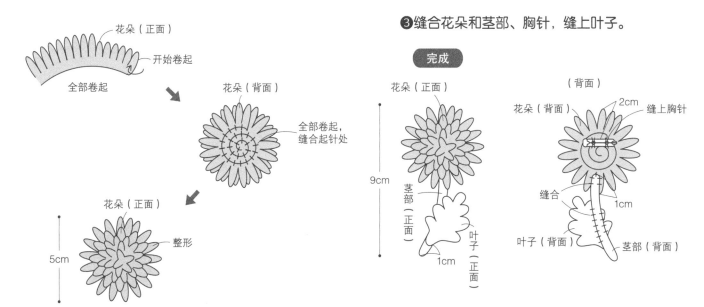

花朵（正面）
9cm
茎部（正面）
叶子（正面）
1cm

（背面）
花朵（背面）
2cm
缝上胸针
缝合
1cm
叶子（背面）
茎部（背面）

P7 10

◆用线 HAMANAKA 手工编织线
水洗棉 粉色（8）10g、米白色（8）5g、
绿色（24）5g
◆工具
4/0 号钩针
◆配件
胸针（30mm）1 个

◆做法要点
●花朵 A、花朵 B、花蕊环形起针，参照图示编织。
●叶子、底部锁针起针，参照图示编织。

❶编织花朵 A、花朵 B、花蕊、叶子、底部。

花朵 A 粉色 5 朵

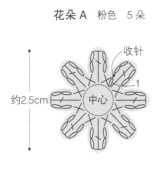

收针
1
约2.5cm
中心

花朵 B 米白色 3 朵

3 收针
2
1
约3cm
中心

┷ 挑起第 1 行开头的锁针这侧的 1 根线，引拔针编织。

在第 3 行的 ┳ ● 处，各自挑起第 1 行开头的锁针对面处的 1 根线编织。

底部 粉色 1 片

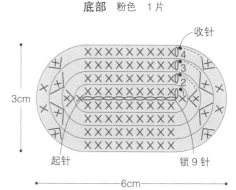

收针
×○4
×○3
×○2
3cm
起针
锁 9 针
6cm

花蕊 粉色 5 个

收针
（线留出 20cm）
×○2
×○1
中心

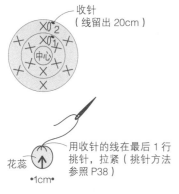

用收针的线在最后 1 行
挑针，拉紧（挑针方法
参照 P38）

花蕊
•1cm•

叶子 绿色 2 片

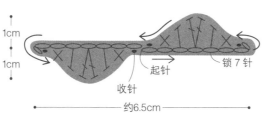

1cm
1cm
收针
起针
锁 7 针
约6.5cm

❹底部缝上花朵 A 、花朵 B，
　缝上胸针。

完成

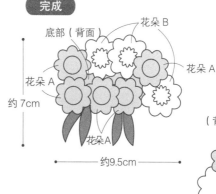

底部（背面）
花朵 B
花朵 A
花朵 A
约7cm
花朵 A
约9.5cm

❷花朵 A 缝上花蕊。

花朵 A
（正面）
剩下的线缝
在花朵 A 的
中心
花蕊

❸底部缝上叶子。

底部（背面）
①向中间对折
②缝合
2cm
0.8cm
叶子（正面）

（背面）
胸针

底部（正面）

35

P3 3、4、5

◆用线 HAMANAKA 手工编织线
水洗棉（蕾丝线）
3 米白色（102）5g、紫色（111）5g
4 米白色（102）5g、紫色（111）5g、
　绿色（108）5g
5 米白色（102）5g、紫色（111）5g
◆工具
3/0 号钩针
◆配件
3 发绳 环形 1 个

4 蕾丝花边（宽 15mm）26cm
　胸针（30mm）1 个
5 水钻（4mm）3 个、发夹（55mm）1 个
◆制作要点
●大花样、小花样环形起针，参照图示编织。
●茎部锁针起针，参照图示编织。

大花样 3 发绳 米白色 1 朵
　　　　　　　 紫色 1 朵

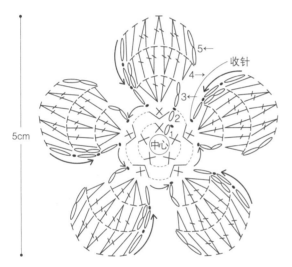

5cm

※ 第1、第2行都是环编，第3～5行平编每
　朵花瓣，然后编下一朵。

小花样 4 花饰 米白色 3 朵
　　　　　　　　紫色 2 朵
　　　　5 发夹 米白色 1 朵

2cm

钉串珠的位置
（只限发夹）

茎部 4 花饰 绿色

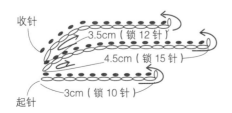

收针
3.5cm（锁 12 针）
4.5cm（锁 15 针）
3cm（锁 10 针）
起针

长短针刺绣针迹

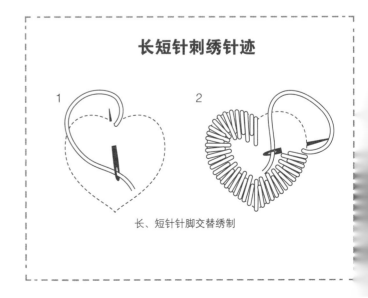

长、短针针脚交替绣制

完成花样

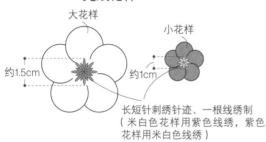

大花样
小花样
约1.5cm
约1cm
长短针刺绣针迹、一根线绣制
（米白色花样用紫色线绣，紫色
花样用米白色线绣）

4　花饰

❶编织小花样，刺绣。
❷编织茎部。
❸把蕾丝打结系成蝴蝶结。

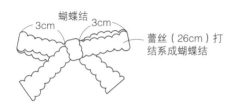

蝴蝶结
3cm　3cm
蕾丝（26cm）打
结系成蝴蝶结

❹缝合小花样、茎部、蝴
蝶结，背面缝上胸针。

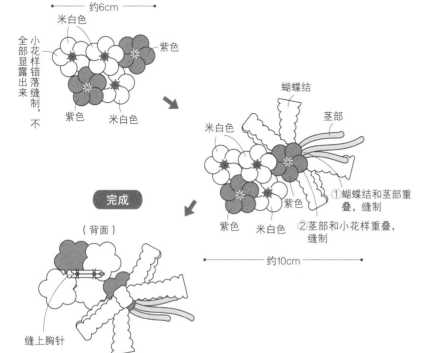

约6cm
米白色
紫色
小花样错落缝制，不全部显露出来
紫色
米白色
完成
（背面）
缝上胸针

蝴蝶结
茎部
米白色
①蝴蝶结和茎部重叠，缝制
紫色
②茎部和小花样重叠，缝制
紫色
米白色
约10cm

3　发绳

❶编织大花样，刺绣。
❷重叠 2 个大花样，缝合。

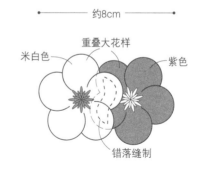

约8cm
重叠大花样
米白色
紫色
错落缝制

❸缝上发绳。

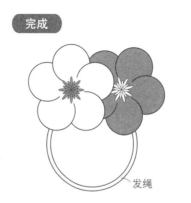

完成
（背面）
用紫色线缝合
发绳
发绳

5　发夹

❶编织小花样，刺绣。
❷缝上串珠、发夹。

完成

缝上串珠
发夹

（背面）

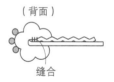

缝合

P5 7

◆**用线** HAMANAKA 手工编织线
水洗棉 绿色（24）5g、红色（10）5g
米白色（2）少量
◆**工具**
4/0 号钩针
◆**配件**
胸针（25mm）1 个

◆**制作要点**
●野草莓果实、花朵、底部、花萼环形起针，参照图示编织。
●叶子锁针起针，参照图示编织。

下接 P39

❶**编织野草莓果实、底部、叶子、花朵、茎部、花萼。**

野草莓果实 红色 2 个

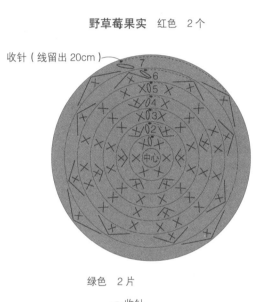

收针（线留出 20cm）

绿色 2 片

野草莓果实

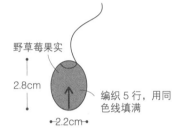

2.8cm
←2.2cm→
编织 5 行，用同色线填满

7 ……4 针（减 4 针）
6 ……8 针（减 8 针）
5 ……16 针（不加减针）
4 ……16 针（加 4 针）
3 ……12 针（不加减针）
2 ……12 针（加 6 针）
1 行……在环内钩 6 个短针

底部 绿色 1 个

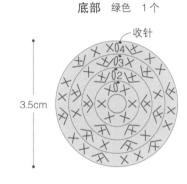

收针

3.5cm

4 ……24 针
3 ……18 针（每行加 6 针）
2 ……12 针
1 行……在环内钩 6 个短针

茎部

收针
4cm（锁 10 针）

花萼

约3cm

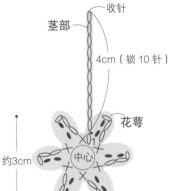

叶子 绿色 3 片
罗纹编

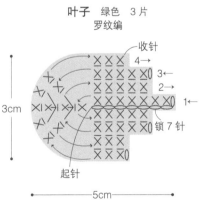

收针
4→
3←
2→
1←
锁 7 针
起针
3cm
←5cm→

花朵 米白色 2 朵

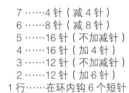

收针
中心
2.8cm

❷**完成野草莓果实。**

野草莓果实
剩下的线在最后一行挑针，拉紧

挑针方法

X **罗纹编（短针）**

① 平编编织。前行的锁针对面处的 1 根线穿入针。

② 短针编织。

❸**缝上花萼。**

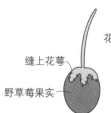

缝上花萼
野草莓果实
花朵（正面）

❹**完成花朵。**

法式结粒绣（绿色、1 根）

上接 P38

❺缝合 3 片叶子。

❻叶子和茎部、花朵缝合，背面缝上底部、胸针。

缝合 3 片叶子

叶子（正面）

在背面缝合

完成

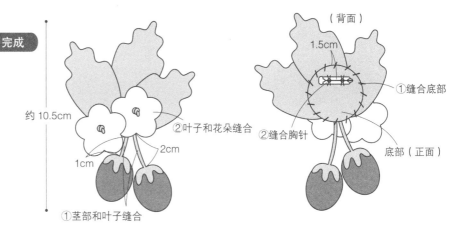

约 10.5cm

（背面）

1.5cm

①缝合底部

②叶子和花朵缝合

②缝合胸针

底部（正面）

②叶子和花朵缝合

2cm

1cm

①茎部和叶子缝合

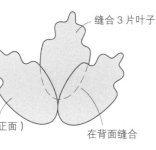

P4　6

◆用线 HAMANAKA 手工编织线
Paume 蕾丝线（天然染料）黄绿色（71）10g

◆工具
3/0 号钩针

◆配件
胸针（25mm）1 个

◆制作要点
●果实环形起针，参照图示编织。
●叶子锁针起针，参照图示编织。

❶编织果实、叶子。

果实　5 个

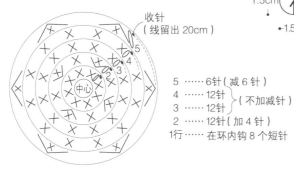

收针
（线留出 20cm）

5 ……6针（减 6 针）
4 ……12针（不加减针）
3 ……12针（不加减针）
2 行……12针（加 4 针）
1行……在环内钩 8 个短针

1.5cm
1.5cm

用线把中间填满

锁针的里山挑针

里山

挑起前行开头的锁针对面处的 1 根线编织。

叶子　3 片

起针

收针

挑起锁针上方的 1 根线

约 3.5cm

1（锁针的里山挑针）

锁 9 针

约 5cm

❷完成果实。

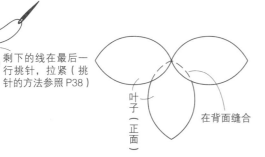

剩下的线在最后一行挑针，拉紧（挑针的方法参照 P38）

❸缝合 3 片叶子。

叶子（正面）

在背面缝合

❹叶子和果实缝合，缝上胸针。

完成

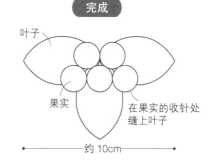

叶子

果实

在果实的收针处缝上叶子

约 10cm

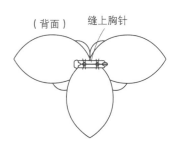

（背面）

缝上胸针

P6 8

◆用线 HAMANAKA 手工编织线
水洗棉（蕾丝线）米白色（102）5g、绿色（108）
少量、桃红色（121）少量、黄色（106）少量、
淡蓝色（109）少量
◆工具
3/0 号钩针
◆配件
小圆珠（红色）3 个、胸针（25mm）1 个

◆制作要点
●花朵 A、花朵 B 环形起针，参照图示编织。
●叶子、装饰、带子 A、带子 B 锁针起针，参照图示编织。

❶编织花朵 A、花朵 B、叶子、装饰、带子 A、带子 B。

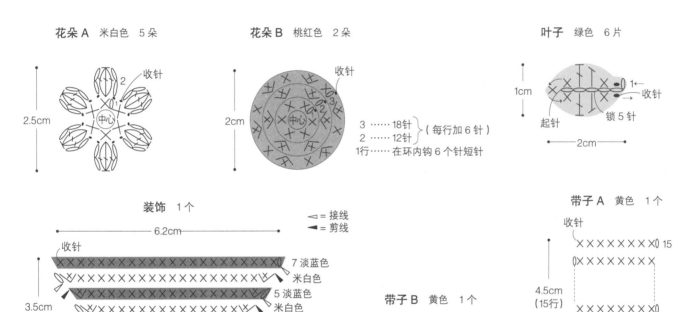

花朵 A 米白色 5 朵

2.5cm

收针
中心

花朵 B 桃红色 2 朵

2cm

收针
中心
3 ……18针
2 ……12针（每行加 6 针）
1 行……在环内钩 6 个针短针

叶子 绿色 6 片

1cm
起针
1←
收针
锁 5 针
2cm

装饰 1 个

◁ = 接线
◀ = 剪线

6.2cm
收针
7 淡蓝色
米白色
5 淡蓝色
米白色
淡蓝色
→米白色
1←淡蓝色
3.5cm
（7行）
起针
锁 12 针
3.4cm

※ 每行都剪线。

带子 B 黄色 1 个

收针
0.5cm
（1行）
起针
锁 10 针
1←
3cm

带子 A 黄色 1 个

收针
15
4.5cm
（15行）
→
1←
锁 8 针
2.4cm

❷完成花朵 A、花朵 B、叶子、带子、装饰。

花朵 A（正面）
在 3 个花朵 A 的中
心缝上小圆珠

叶子（正面）
每 2 朵 1 组缝
合（做 3 组）
缝合

1.2cm
花朵 B
（正面）
两边对折缝合

带子 B（正面）
带子 A
（背面）
在带子 A 的中间缝上带
子 B，在背面缝合

装饰（背面）
对折
缝合
装饰
（正面）

❸花朵 A 缝合，装饰和叶子、花朵 B 缝合。

下接 P41

缝合花朵 A
串珠

花朵 B
叶子（正面）
叶子（正面）
装饰
花朵 A 和装饰缝
合，再缝合花朵
B、叶子

P7 9

◆用线 OLYMPUS 手编线
Emmy grande（艳彩）深紫色（354）5g、
绿色（354）5g
Emmy grande（香草）淡紫色（600）5g

◆工具
0 号蕾丝针

◆配件
胸针（30mm）1 个

◆制作要点
●花朵、底部环形起针，参照图示编织。
●叶子锁针起针，参照图示编织。

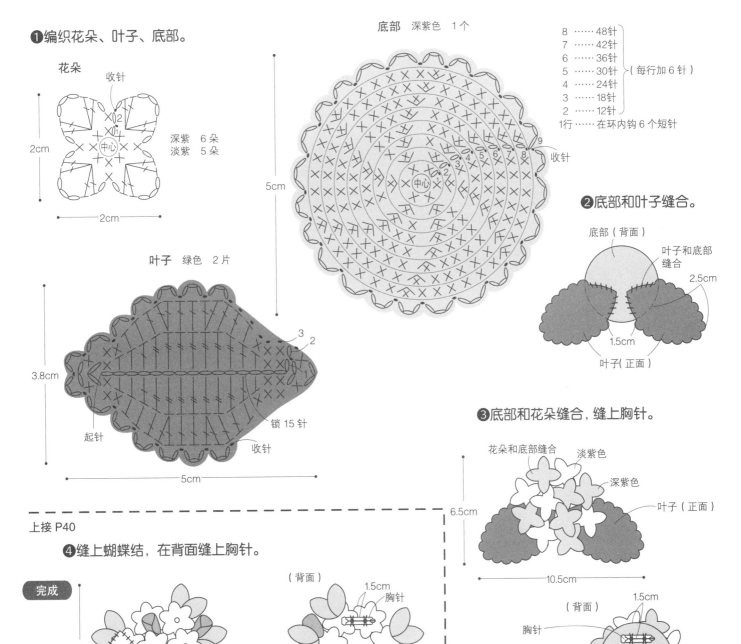

❶编织花朵、叶子、底部。

花朵

收针

深紫 6 朵
淡紫 5 朵

2cm
2cm

底部 深紫色 1 个

8 ……48针
7 ……42针
6 ……36针
5 ……30针
4 ……24针   （每行加 6 针）
3 ……18针
2 ……12针
1行 ……在环内钩 6 个短针

收针

5cm

叶子 绿色 2 片

3.8cm

起针   收针   锁 15 针

5cm

❷底部和叶子缝合。

底部（背面）

叶子和底部缝合

2.5cm

1.5cm

叶子（正面）

❸底部和花朵缝合，缝上胸针。

花朵和底部缝合   淡紫色

深紫色

叶子（正面）

6.5cm

10.5cm

上接 P40

❹缝上蝴蝶结，在背面缝上胸针。

完成

7cm

带子 A
（正面）   缝上蝴蝶结

8cm

（背面）

1.5cm
胸针

（背面）

1.5cm

胸针

底部
（正面）

41

P8　11、12、13

◆用线 HAMANAKA 手工编织线
11　亚麻 C 紫色（5）5g
　　亚麻 C（金线）米白色（501）5g
　　Paume 蕾丝线（天然染料染色）苔绿色（72）5g
12　亚麻 C 紫色（5）少量
　　Paume 蕾丝线（天然染料染色）粉色（74）
　　少量
13　亚麻 C（金线）米白色（501）少量
　　Paume 蕾丝线（天然染料染色）粉色（74）
　　少量

◆工具
3/0 号钩针
◆配件
11 胸针（25mm）1 个
12 发绳（宽 2mm）环形 1 个
13 发夹（40mm）1 个
◆制作要点
●化朵 A、花朵 B、花朵 C、底部 A、底部 B 环形起针，
　参照图示编织。
●叶子锁针起针，参照图示编织。

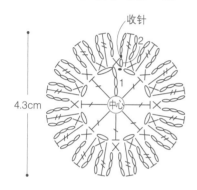
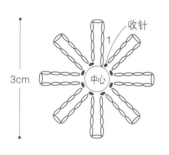

花朵 A　11　花饰　米白色　1 朵
　　　　12　发绳　紫色　1 朵

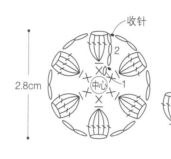

花朵 C　11　花饰　紫色　2 朵
　　　　13　发夹　米白色　1 朵

收针

2.8cm

挑起前行开头
的短针对面处
的 1 根线编织

底部 A　11　花饰　苔绿色　1 个

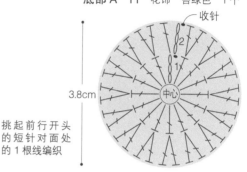

3.8cm

4.3cm

收针

花朵 B　11　花饰　米白色　2 朵
　　　　12　发绳　粉色　1 朵

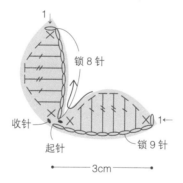

收针

3cm

叶子　11　花饰　苔绿色　3 片
　　　13　发夹　苔绿色　1 片

锁 8 针

收针
起针
锁 9 针

3cm

底部 B　12　发绳　粉色　1 个
　　　　13　发夹　苔绿色　1 个

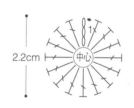

2.2cm

12、13 见 P43

11　花饰

①编织花朵 A、花朵 B、花朵 C、叶子、底部 A。
②花朵 A 和花朵 C 重叠，底部 A 和叶子缝合。

③底部 A 和花朵 A、花朵 B、花朵 C 缝合，
　在背面缝上胸针。

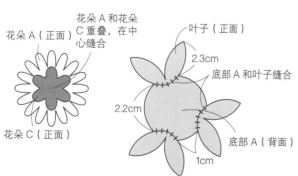

花朵 A（正面）
花朵 A 和花朵
C 重叠，在中
心缝合
花朵 C（正面）

叶子（正面）
2.3cm
底部 A 和叶子缝合
2.2cm
底部 A（背面）
1cm

完成

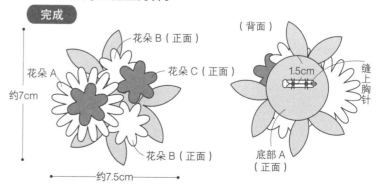

花朵 B（正面）
花朵 A
花朵 C（正面）
约 7cm
花朵 B（正面）
约 7.5cm

（背面）
1.5cm
缝上胸针
底部 A（正面）

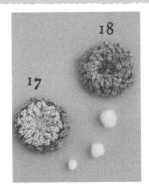

P10 17、18

◆用线 OLMPUS 手编线
17 Bloom 蓝色渐变（54）5g、
　　Majolica 米白色（9）5g
18 Bloom 粉色渐变（52）10g
◆工具
10/0 号钩针、8/0 号钩针（只限 17）
◆配件
水钻（10mm×7mm 17 水晶、18 粉色）各 3 个
胸针（30mm）各 1 个

◆制作要点
●大花朵、小花朵环形起针，参照图示编织。

❶编织大花朵、小花朵。

❷大花朵和小花朵重叠，缝上
串珠，缝合胸针。

大花朵　17　蓝色渐变
　　　　18　粉色渐变

小花朵　17　米白色　8/0 号钩针
　　　　18　粉色渐变　10/0 号钩针

10/0 号钩针

收针

3

2

1

约8cm

中心

②锁针 6 针

①长针挑针再
短针编织

③长针挑针，表
引短针编织

收针

约6.5cm

中心

17 完成

①大花朵和小花朵重
叠，在中心缝合

②在中心缝上
串珠

约8cm

大花朵（正面）

小花朵（正面）

（背面）

3cm

大花朵（背面）

胸针

18 完成

约8cm

约8cm

上接 P42

12　发绳

❶编织花朵 A、花朵 B、底部 B。
❷花朵 A 和花朵 B 重叠，发绳剪断后和
　底部 B 缝合。

完成

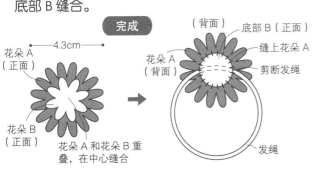

花朵 A
（正面）

4.3cm

花朵 B
（正面）

花朵 A 和花朵 B 重
叠，在中心缝合

（背面）

底部 B（正面）

缝上花朵 A

花朵 A
（背面）

剪断发绳

发绳

13　发夹

❶编织花朵 C、叶子、底部 B。
❷穿过发夹，缝合叶子、花朵 C 和底部。

完成

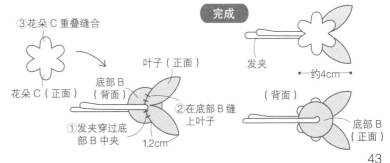

③花朵 C 重叠缝合

花朵 C（正面）

底部 B
（背面）

叶子（正面）

②在底部 B 缝
上叶子

①发夹穿过底
部 B 中央

1.2cm

发夹

约4cm

（背面）

底部 B
（正面）

P9 14、15、16

◆用线 OLMPUS 手编线
天然麻
14 蓝灰色（10）少量
15 苔绿色（9）少量
16 象牙白色（11）15g、蓝灰色（10）10g、
　　苔绿色（9）10g
◆工具
3/0 号钩针
◆配件
14、15 珍珠串珠（8mm）各 1 个
　　　　发夹（40mm）各 1 个

16 发绳（宽 3mm、外直径约 5.5cm）环形 1 个
◆制作要点
●花朵花样环形起针，参照图示编织。
●在编织包住发绳的同时，在主体 A 的第 1 行短针编织发圈。
●在编织包住发绳的同时，在主体 A 的第 1 行的短针之间短针编织主体 B。

16　发圈

❶编织花朵花样（发圈、发夹通用）、发圈。

花朵花样

收针
中心
4cm

发圈　象牙白色

1 个图案
主体 A 收针
编织 60 个图案
3cm
主体 A
钩 60 个短针
包住发绳
3cm
主体 B
主体 B 收针
编织 60 个图案
主体 A 的短针之间钩
60 个短针（编织包住
发绳）

14　发夹　蓝灰色　1 朵
15　发夹　苔绿色　1 朵
16　发圈　蓝灰色　3 朵
　　　　　苔绿色　3 朵

❷在花朵花样上缝上串珠。

花朵花样（正面）

在中心用缝纽扣的
方法缝串珠

❸缝上花朵花样。

主体 A
（正面）

主体 B
（正面）

在主体 A 第 1 行的短针上，每 10
针交替缝上蓝灰色和苔绿色的花
朵花样

15、16　发夹

❶编织花朵花样。
❷在花朵花样上缝上串珠和发夹。

完成

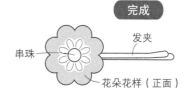

串珠
发夹
花朵花样（正面）

（背面）
花朵花样（反面）
发夹
在中心缝上发夹

44

P13 28

◆用线 OLMPUS 手编线
天然麻 象牙白色（11）10g
◆工具
3/0 号钩针
◆配件
胸针（30mm）1 个

◆制作要点
●带子 A、带子 B 锁针起针，参照图示编织。

❶编织带子 A 和带子 B。

❷带子整形，系紧。

❸缠上带子 B，缝上胸针。

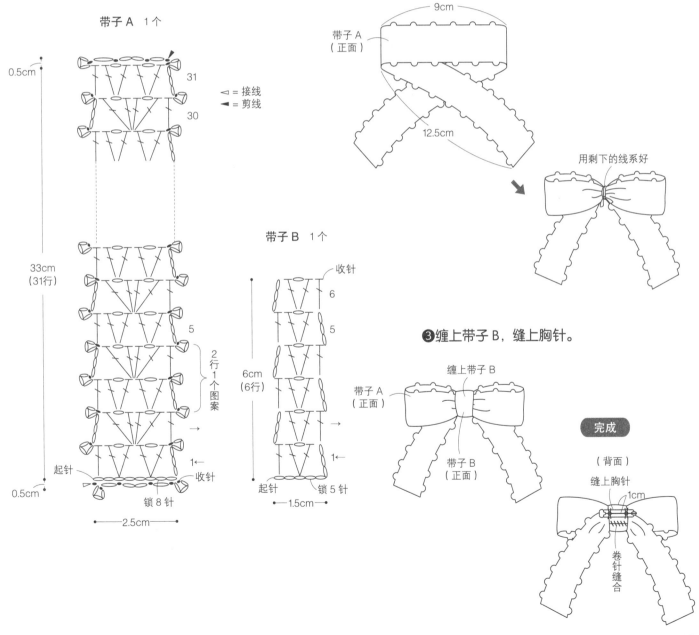

带子 A　1 个

0.5cm

31
30

◁ = 接线
◀ = 剪线

33cm
（31行）

5

2行1个图案

起针
收针
0.5cm
锁 8 针
2.5cm

带子 B　1 个

收针

6

6cm
（6行）

5

1

起针　锁 5 针
1.5cm

9cm

带子 A
（正面）

12.5cm

用剩下的线系好

缠上带子 B

带子 A
（正面）

带子 B
（正面）

完成

（背面）

缝上胸针
1cm

卷针缝合

◆用线、丝带

HAMANAKA Laco Lab. Lacolab 材料包

19 Lacolab 材料包（H902-006-4）
　　纱线 A（米白色、淡蓝色、杏色混染）
　　250cm
　　纱线 B（淡蓝色渐变）2.1m
　　纱线 C（深紫色）2.1m
　　丝带（宽 25mm）48cm

20 Lacolab 材料包（H902-006-3）
　　纱线 A（粉色金线）1.5m
　　纱线 B（粉色渐变）70cm
　　纱线 C（紫色）70cm

21 Lacolab 材料包（H902-006-4）
　　纱线 A（米白色、淡蓝色、杏色混染）
　　150cm
　　纱线 B（淡蓝色渐变）70cm
　　纱线 C（深紫色）70cm

22 Lacolab 材料包（H902-006-3）
　　纱线 A（粉色金线）70cm
　　纱线 B（粉色渐变）1.7m
　　纱线 C（紫色）1.15m
　　丝带（宽 25mm）20cm

23 Lacolab 材料包（H902-006-3）
　　纱线 A（粉色混染）50cm
　　纱线 C（紫色）70cm
　　丝带（宽 25mm）14cm

24 Lacolab 材料包（H902-006-3）
　　纱线 A（粉色金线）50cm
　　纱线 B（粉色渐变）70cm
　　丝带（宽 25mm）14cm

25 Lacolab 材料包（H902-006-4）
　　纱线 A（米白色、淡蓝色、杏色混染）50cm
　　纱线 B（淡蓝色渐变）1.5m
　　纱线 C（深紫色）70cm

◆工具
HAMANAKA 编花器（H-205-569）4cm

◆配件
19 弹簧夹配件（80mm）1 个
20、21 有底座的一字夹
　　　　（底座直径 12mm、长度 55mm）各 1 个
　　　　水钻（5mm）各 1 个
22 弹簧夹配件（80mm）1 个
23、24 水滴夹（50mm）各 1 个
25 发绳 环形 1 个

19、21、25
Laco Lab. Lacolab 材料包（H902-006-4）
1 套（能做 3 份）

20、22、23、24
Laco Lab. Lacolab 材料包（H902-006-3）
1 套（能做 4 份）

19 弹簧夹

❶编花器制作小花朵。

②用纱线 A 卷针缝合

①取 3 根纱线 A、B、C 缠入编花器

同样的做 3 个

❷缝制蝴蝶结。

编花器的用法
见 P49

带子 A（23cm）　在中心重合 1cm
11cm

带子 B（25cm）　在中心重合 1cm
❶❷❸❹❺❻❼❽
12cm

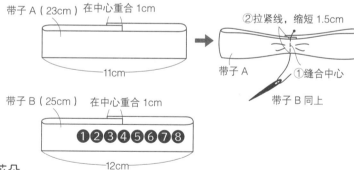

②拉紧线，缩短 1.5cm
带子 A
①缝合中心
带子 B 同上

❸粘上弹簧夹配件。

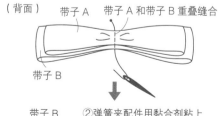

（背面）
带子 A　带子 A 和带子 B 重叠缝合
带子 B

带子 B
②弹簧夹配件用黏合剂粘上
①错开带子 A

❹粘上小花朵。

完成

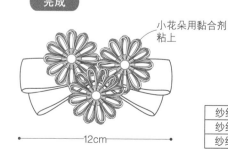

小花朵用黏合剂粘上

12cm

注 黏合剂使用 HAMANAKA 透明黏合剂（透明强力黏合剂、H406-900）。

配色表

纱线 A	米白色、淡蓝色、杏色混染
纱线 B	淡蓝色渐变
纱线 C	深紫色

20、21　一字夹

❶编花器制作小花朵。

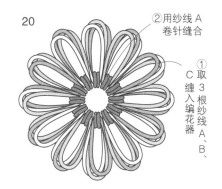

20
②用纱线A
卷针缝合

①取3根纱线A、B、C缠入编花器

21
用纱线C卷针缝合

①取3根纱线A、B、C缠入编花器

	配色表	
20	纱线A	粉色金线
	纱线B	粉色渐变
	纱线C	紫色
21	纱线A	米白色、淡蓝色、杏色混染
	纱线B	淡蓝色渐变
	纱线C	深紫色

编花器的用法
见P49

❷粘上水钻。

在小花朵的中间粘上水钻

水钻

❸粘上有底座一字夹。

（背面）

底座涂上黏合剂，粘上小花朵

有底座一字夹

注　黏合剂使用HAMANAKA透明黏合剂（透明强力黏合剂、H406-900）。

完成

7.5cm

23、24　水滴夹

❶编花器制作小花朵。

23
②用纱线A卷针缝合

①每3根纱线C缠入编花器

24
②用纱线A卷针缝合

①每3根纱线B缠入编花器

	配色表	
23	纱线A	粉色金线
	纱线C	紫色
24	纱线A	粉色金线
	纱线B	粉色渐变

❷缝制蝴蝶结，粘上水滴夹、小花朵。

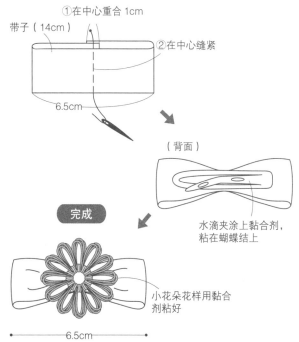

①在中心重合1cm

带子（14cm）

②在中心缝紧

6.5cm

（背面）

完成

水滴夹涂上黏合剂，粘在蝴蝶结上

小花朵花样用黏合剂粘好

6.5cm

22 弹簧夹

❶编花器制作小花朵 A、小花朵 B、小花朵 C。

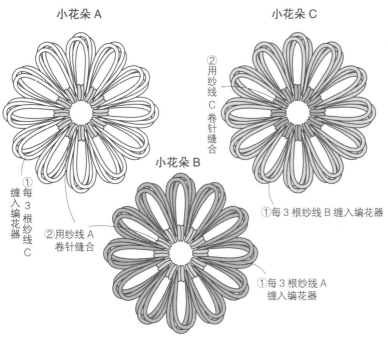

小花朵 A

小花朵 C
② 用纱线 C 卷针缝合

① 每 3 根纱线 C 缠入编花器

小花朵 B
② 用纱线 A 卷针缝合

① 每 3 根纱线 B 缠入编花器

① 每 3 根纱线 A 缠入编花器

配色表

纱线 A	粉色金线
纱线 B	粉色渐变
纱线 C	紫色

注 黏合剂使用 HAMANAKA 透明黏合剂（透明强力黏合剂、H406-900）。

❷在蝴蝶结上粘上弹簧夹。

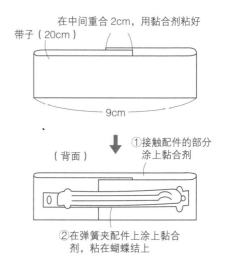

在中间重合 2cm，用黏合剂粘好
带子（20cm）

9cm

（背面）

① 接触配件的部分涂上黏合剂

② 在弹簧夹配件上涂上黏合剂，粘在蝴蝶结上

❸用黏合剂黏合小花朵花样和蝴蝶结。

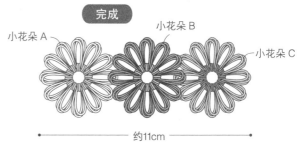

完成

小花朵 A   小花朵 B   小花朵 C

约11cm

25 发绳

❶用编花器制作小花朵 A、小花朵 B。

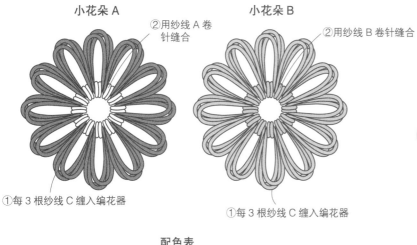

小花朵 A
② 用纱线 A 卷针缝合

① 每 3 根纱线 C 缠入编花器

小花朵 B
② 用纱线 B 卷针缝合

① 每 3 根纱线 C 缠入编花器

配色表

纱线 A	米白色、淡蓝色、杏色混染
纱线 B	淡蓝色渐变
纱线 C	深紫色

❷小花朵 B 缝在发绳上，和小花朵 A 重叠。

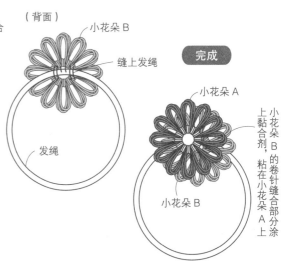

（背面）

小花朵 B

缝上发绳

发绳

完成

小花朵 A

小花朵 B

小花朵 B 的卷针缝合部分涂上黏合剂，粘在小花朵 A 上

编花器的用法

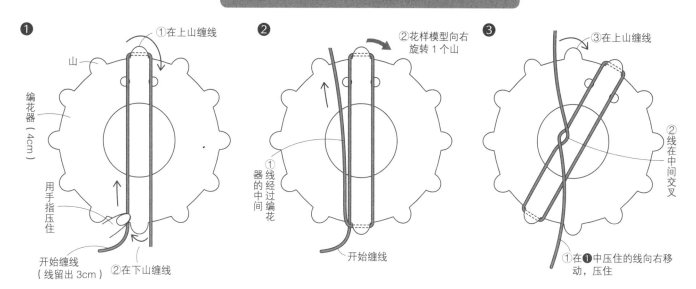

❶ ①在上山缠线

山

编花器（4cm）

用手指压住

开始缠线（线留出3cm）

②在下山缠线

❷ ②花样模型向右旋转1个山

①线经过编花器的中间

开始缠线

❸ ③在上山缠线

②线在中间交叉

①在❶中压住的线向右移动，压住

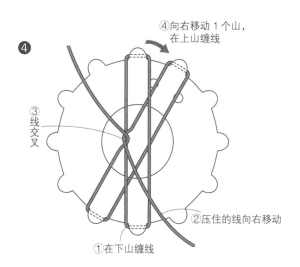

❹ ④向右移动1个山，在上山缠线

③线交叉

②压住的线向右移动

①在下山缠线

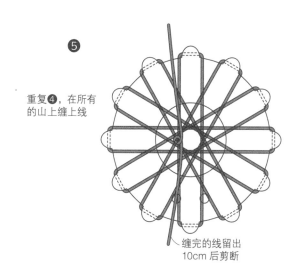

❺ 重复❹，在所有的山上缠上线

缠完的线留出10cm后剪断

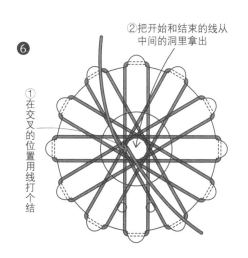

❻ ②把开始和结束的线从中间的洞里拿出

①在交叉的位置用线打个结

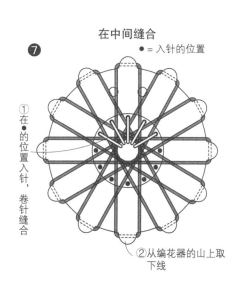

❼ 在中间缝合

●＝入针的位置

①在●的位置入针，卷针缝合

②从编花器的山上取下线

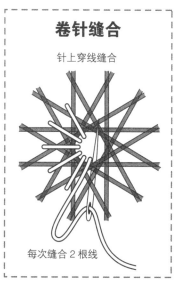

卷针缝合

针上穿线缝合

每次缝合2根线

49

P12 26、27

◆用线 HAMANAKA 手工编织线
水洗棉（蕾丝线）
26 桃红色（121）15g、米白色（102）5g
27 蓝灰色（110）15g、米白色（102）5g
◆工具
3/0 号钩针
规格（10cm 四边形）
短针 31 针 36 行
◆配件
胸针（25mm）1 个

◆制作要点
●带子 A、带子 B 锁针起针，参照图示编织。

❶编织带子 A、带子 B。

带子 A　1 个

◁ = 接线
◀ = 剪线

收针

锁 25 针　锁 25 针

3cm（11行）
0.3cm（1行）
3cm（11行）
环编

23←
20←
15→
10→
5←
1←

起针
后片中心

锁 60 针，做成环形

前片中心

19.5cm（60针）

	26	27
——	桃红色	蓝灰色
▬	米白色	米白色

带子 B　1 个

收针

2.2cm（8行）

起针　锁 20 针

6.5cm（20针）

8←
5→
1←

❷整形带子 A。

带子 A（正面）

前片中心和后片中心重合

带子 A（正面）

对折
对折

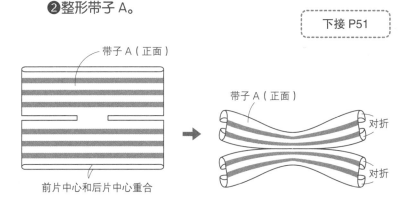

下接 P51

P14 **31**

◆用线 OLMPUS 手编线
天然麻　橙色（5）10g
◆工具
3/0 号钩针
◆配件
发绳　环形 1 个

◆制作要点
●玫瑰锁针起针，参照图示编织。
●底部环形编织，参照图示编织。

❶编织玫瑰、底部。

玫瑰　1 朵

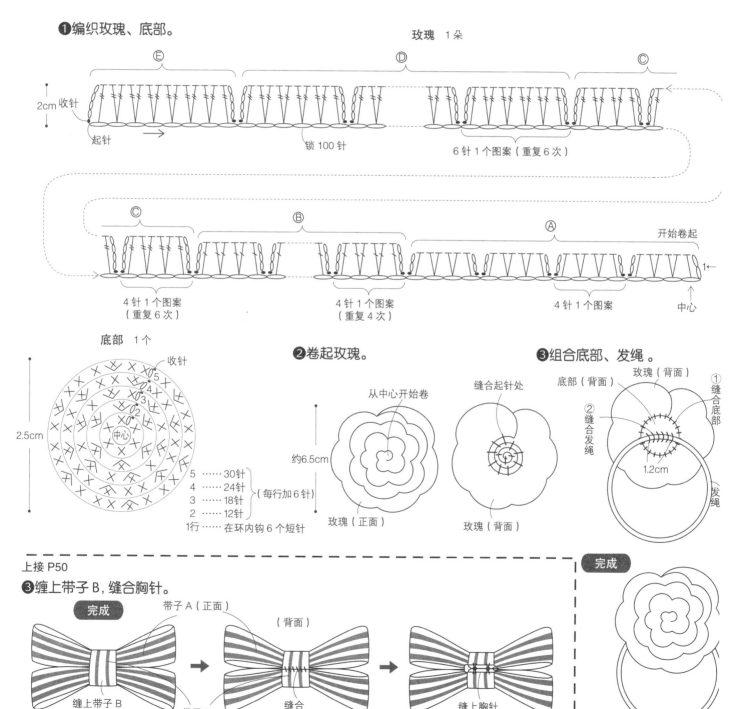

Ⓔ　Ⓓ　Ⓒ

2cm 收针

起针

锁 100 针

6 针 1 个图案（重复 6 次）

Ⓒ　Ⓑ　Ⓐ

开始卷起

4 针 1 个图案
（重复 6 次）

4 针 1 个图案
（重复 4 次）

4 针 1 个图案

中心

1↞

底部　1 个

收针

2.5cm

中心

5 …… 30 针
4 …… 24 针
3 …… 18 针
2 …… 12 针
1 行 …… 在环内钩 6 个短针
（每行加 6 针）

❷卷起玫瑰。

从中心开始卷

约6.5cm

玫瑰（正面）

缝合起针处

玫瑰（背面）

❸组合底部、发绳。

底部（背面）　玫瑰（背面）

①缝合底部
②缝合发绳

1.2cm

发绳

上接 P50

❸缠上带子 B，缝合胸针。

完成

带子 A（正面）

缠上带子 B

带子 B
（正面）

（背面）

缝合

缝上胸针

约9.5cm

完成

51

P13 29

◆用线 HAMANAKA 手工编织线
亚麻 C 紫色（5）15g
◆工具
3/0 号钩针
规格（10cm 四边形）
短针 27 针 32 行
◆配件
弹簧夹配件（80mm）1 个

◆制作要点
●带子 A、带子 B、玫瑰锁针起针，参照图示编织。

❶编织带子 A、带子 B、玫瑰。

带子 A　1 个

◁ = 接线
◀ = 剪线

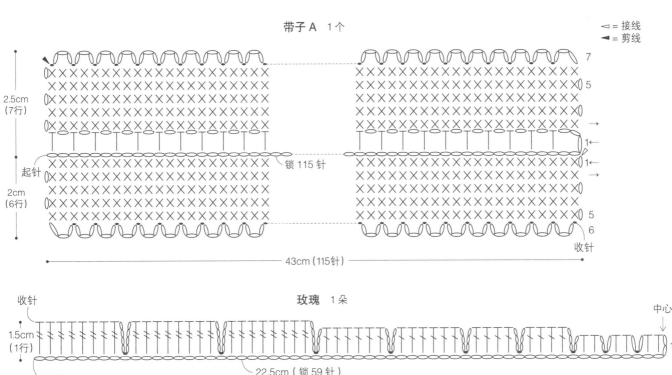

2.5cm（7行）

起针

2cm（6行）

锁 115 针

7

5

1
1

5

6

收针

43cm（115针）

玫瑰　1 朵

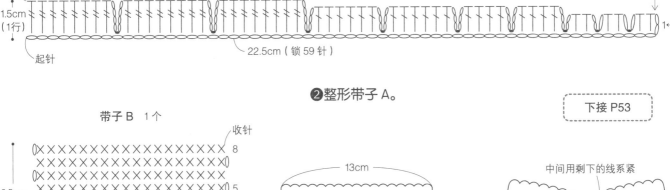

收针

中心

1.5cm（1行）

1

起针

22.5cm（锁 59 针）

❷整形带子 A。

带子 B　1 个

下接 P53

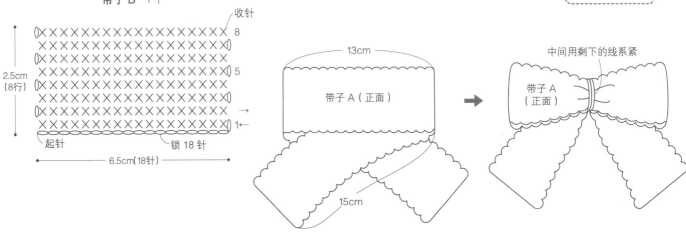

收针

2.5cm（8行）

8

5

1

起针

锁 18 针

6.5cm（18针）

13cm

带子 A（正面）

15cm

中间用剩下的线系紧

带子 A（正面）

52

P16 35

◆用线 HAMANAKA 手工编织线

编织草（流苏）40cm

编织草 茶褐色（15）5g

◆工具

5/0 号钩针

◆配件

胸针（30mm）1 个

◆**制作要点**

● 花蕊环形起针，参照图示编织。

❶编织花蕊。

花蕊 编织草 茶褐色

收针（线留出 20cm）

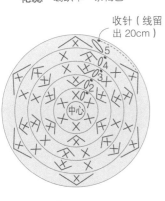

5 ……6针（每行减 6 针）
4 ……12针
3 ……18针（每行加 6 针）
2 ……12针
1行 ……在环内钩 6 个短针

❷卷起花瓣。

花瓣 编织草（流苏）

①剪成 40cm

②卷起

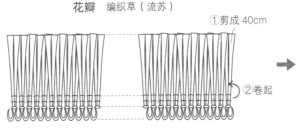

花瓣（背面）

用缝纫线缝好

1cm

缝好的部分缠上缝纫线

（背面）

❸缝合花蕊、胸针。

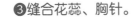

完成

花蕊（正面）

3cm

用收针的线在最后一行挑针，拉紧（挑针的方法参照 P38）

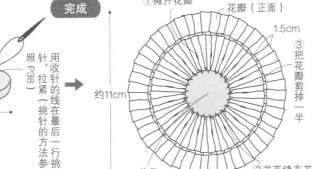

①摊开花瓣

花瓣（正面）

约11cm

1.5cm

③把花瓣剪掉一半

②花蕊缝在花瓣的中心

花蕊

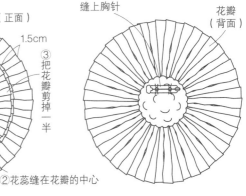

缝上胸针

花瓣（背面）

上接 P52

❸缠上带子 B。

❹制作玫瑰、缝上弹簧夹配件。

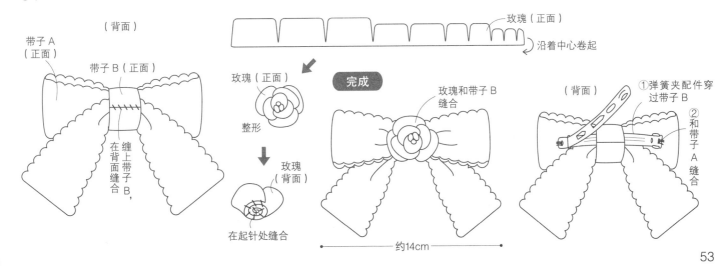

（背面）

带子 A（正面）

带子 B（正面）

缠上带子 B，在背面缝合

玫瑰（正面）

沿着中心卷起

玫瑰（正面）

整形

玫瑰（背面）

在起针处缝合

完成

玫瑰和带子 B 缝合

（背面）

①弹簧夹配件穿过带子 B

②和带子 A 缝合

约14cm

P14 30

◆用线 OLMPUS 手编线
天然麻 粉色（6）10g、红色（12）5g、
苔绿色（9）5g
◆工具
3/0 号钩针
◆配件
带底座的胸针（25mm）1 个

◆制作要点
●玫瑰、叶子锁针起针，参照图示编织。
●底部环形起针，参照图示编织。

❶编织玫瑰、叶子、底部。

玫瑰　1 朵

　　　　━━ 红色
　　　　━━ 粉色

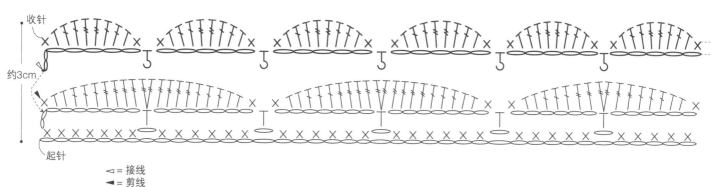

收针
约3cm
起针

◁ = 接线
◀ = 剪线

叶子　苔绿色　1 片

收针
1.7cm
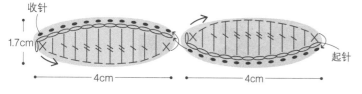
起针
4cm　　　4cm

底部　粉色　1 个

收针
2.5cm
中心

5 ……30针
4 ……24针
3 ……18针　（每行加 6 针）
2 ……12针
1行…… 在环内钩 6 个短针

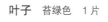　**表引中长针**

①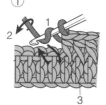
如箭头所示插入钩
针，钩线后拉出。

②
再次拉出，钩中长针。

③

丅 长长针

①
2圈
锁立针织 4 个
基础针

②
线在钩针上缠两圈，如箭头所示插入钩针。

③
在穿过针的线圈，每隔 2 个引拔穿过。

④

⑤

↻ 从前行的 丅 处开始挑针，钩表引中长针

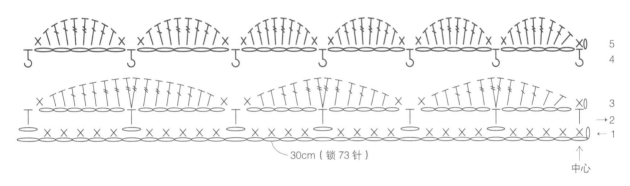

5
4
3
→ 2
← 1

30cm（锁 73 针）

↑ 中心

❷卷起玫瑰，缝上底部。

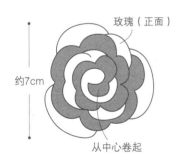
玫瑰（正面）
约7cm
从中心卷起

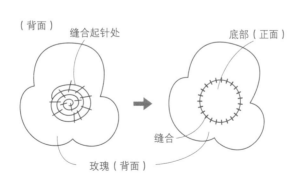
（背面）
缝合起针处
底部（正面）
缝合
玫瑰（背面）

❸扭转叶子。

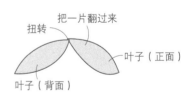
把一片翻过来
扭转
叶子（正面）
叶子（背面）

❹组合叶子、带底座的别针。

完成
叶子

（背面）
玫瑰（背面）
②带底座别针用黏合剂粘合
叶子
①缝合玫瑰和叶子
2.5cm

注 没有带底座的别针可用胸针代替。

55

P15 **32、33**

◆用线 OLMPUS 手编线

Emmy grande（香草）

32 白色（800）10g、淡蓝色（341）5g

33 白色（800）少量、淡蓝色（341）少量

◆工具

0 号蕾丝针

◆配件

32 圆珠（2.5mm、淡蓝色）15 个、
延长链 1 个、圆扣 1 个、单圈（2.5mm）1 个、
搭扣片 1 个

33 圆珠（2.5mm、淡蓝色）3 个

◆制作要点

32

●项链锁针起针，参照图示编织。

●针织球环形起针，参照图示编织。

33

●主体、装饰锁针起针，参照图示编织。

●针织球环形起针，参照图示编织。

33　戒指

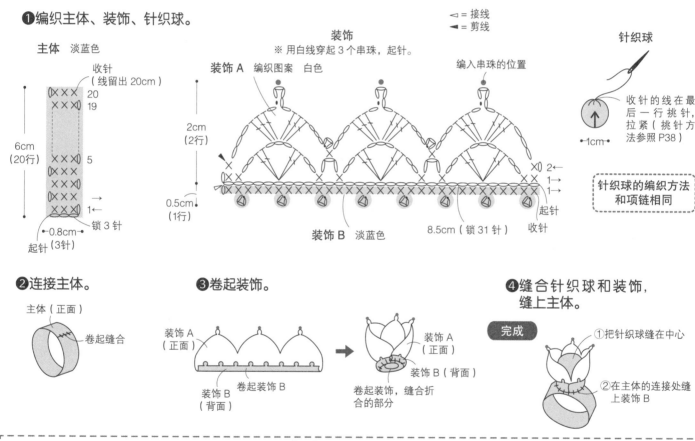

❶ 编织主体、装饰、针织球。

◁ = 接线
◀ = 剪线

主体 淡蓝色

收针
（线留出 20cm）

6cm
（20 行）

20
19

5

1 →

锁 3 针

0.8cm

起针（3 针）

装饰
※ 用白线穿起 3 个串珠，起针。

装饰 A 编织图案 白色

编入串珠的位置

2cm
（2 行）

0.5cm
（1 行）

装饰 B 淡蓝色

8.5cm（锁 31 针）

X 0 2 ←
1 →
1 ←

起针

收针

针织球

收针的线在最后一行挑针，拉紧（挑针方法参照 P38）

1cm

针织球的编织方法和项链相同

❷ 连接主体。

主体（正面）

卷起缝合

❸ 卷起装饰。

装饰 A（正面）

装饰 B（背面）

卷起装饰 B

装饰 A（正面）

装饰 B（背面）

卷起装饰，缝合折合的部分

❹ 缝合针织球和装饰，缝上主体。

完成

① 把针织球缝在中心

② 在主体的连接处缝上装饰 B

串珠使用技巧

穿串珠方法

① 在一端涂上少量黏合剂

② 用手指捻成细条

③

编入串珠方法

⬭ 锁针

如图所示，穿上串珠，钩锁针

串珠

✕ 短针

如图所示，穿上串珠，钩短针
※ 背面露出串珠。

串珠

❶编织项链、针织球。

32　项链

● = 编入串珠的位置

◁ = 接线
◀ = 剪线

※用白色的线穿上15
个串珠，起针。

项链

项链　编织图案　白色

主体、1个图案
编入串珠的位置

挂搭扣片
的位置

2cm
(2行)

挂圆扣
的位置

2←
1→
1→

0.5cm
(1行)缘编、1个图案

项链 B　淡蓝色

42cm (锁 151 针)

起针

针织球　淡蓝色　32　项链　1个
33　戒指　1个

收针
(线留出 20cm)

×○4
×○3
×○2

中心

4 ……6 针（减 6 针）
3 ……12 针（不加减针）
2 ……12 针（加 6 针）
1 行……在环内钩 6 个短针

**❷连接搭扣片和延长链，
组合延长链和针织球。**

①用单圈连接搭
扣和延长链

搭扣片

②插进延长
链的一端

延长链

针织球　③里面塞满线

※缝紧，以免延
长链脱出。

1cm

用收针的线在最后一
行挑针，拉紧（挑针
方法见 P38 ）

❸组合圆扣和搭扣片。

针织球

缝合

缝合

圆扣

搭扣片

完成

项链
（正面）

安装单圈方法

用钳子夹住两边，前后交错打开。关闭的时候用钳子夹住两边，紧紧地扣死，让连接的部分闭合。
注意一定要左右交错打开，紧紧夹紧。

〇 前后交错打开，夹紧，让连
接的部分闭合。

开关　➜　关闭

连接配件和
配件时使用

✕ 左右打开后，也可以重新关闭让连接
的部分闭合。

开关　➜　关闭

P16 34

◆用线 HAMANAKA 手工编织线
编织草 黄色（165）10g、
栗色（65）5g
◆工具
6/0 号钩针
◆配件
胸针（30mm）1 个

◆制作要点
●大花朵花样、小花朵花样、花蕊环形编织，参照图示编织。

❶编织大花朵花样、小花朵花样、花蕊。

大花朵花样 1 朵　　第2行╳ ∨挑起第1行开头的锁针一侧的1根线编织。
　　　　　　　　　　第3行╳ ∨挑起第1行开头的锁针对侧的1根线编织。

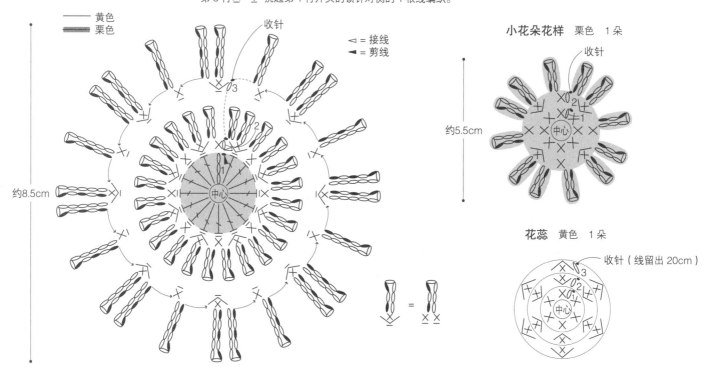

—— 黄色
—— 栗色

收针

▷ = 接线
◀ = 剪线

中心

约8.5cm

∨ = ╳╳

小花朵花样　栗色　1 朵

收针

约5.5cm

中心

花蕊　黄色　1 朵

收针（线留出 20cm）

中心

❷大花朵花样和小花朵花
样重叠。

大花朵花样（正面）
缝合大花朵花样和小花朵花样
1cm
小花朵花样（正面）

❸缝合花蕊，缝上胸针。

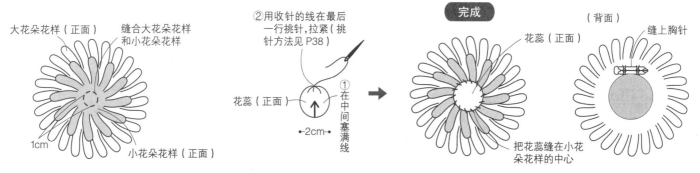

②用收针的线在最后一行挑针，拉紧（挑针方法见 P38）
花蕊（正面）
①在中间塞满线
←2cm→

完成

（背面）
花蕊（正面）
缝上胸针

把花蕊缝在小花朵花样的中心

P17 36

◆用线 DARUMA 手编线
Cafe 黄麻线 橙色混染（8）10g
◆工具
6/0 号钩针
◆配件
木珠（6mm）3 个
胸针（30mm）1 个

◆制作要点
●花朵花样环形起针，参照图示编织。

❶编织花朵花样。

花朵花样　1 朵

约10cm

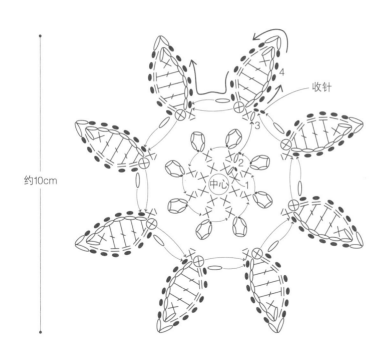

收针

中心

❷缝上木珠、胸针。

在中心缝上 3 个木珠

花朵花样（正面）　　　　※ 花瓣的顶端自然卷曲。

（里面）

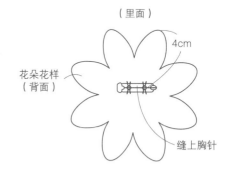

4cm

花朵花样
（背面）

缝上胸针

※ 在第 2 行的 ⋉ 处挑起第 1 行开头的锁针一侧的 1 根线编织。

※ 在第 3 行的 ⋉ 处挑起第 1 行开头的锁针对侧的 1 根线编织。

※ ⊗ 和狗牙拉针的引拔针同样在 ⋉ 针眼处挑针，短针编织。

※ ●挑起第 1 行开头的锁针对侧的 1 根线编织。

P18 37

◆用线 DARUMA 手编线
Cafe Green 绿白混染（8）5g、
绿色（6）5g
◆工具
6/0 号钩针
◆配件
蕾丝花边（宽 18mm）28cm
包袋挂链配件（20cm）1 个

◆制作要点
●花朵花样环形编织，参照图示编织。

❶编织花朵花样，拉紧最后一行。

花朵花样　1 朵

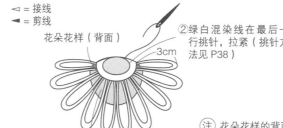

━━━ 绿白色混染
──── 绿色

5 ……12 针（减 12 针）
4 ……24 针（加 12 针）
3 ……12 针（不加减针）
2 ……12 针（加 6 针）
1 行……在环内钩 6 个短针

◁ = 接线
◀ = 剪线

＜＞ =1 次钩 2 个短针和短环针

（X）= 钩 2 个短环针

花朵花样（背面）

②绿白混染线在最后一行挑针，拉紧（挑针方法见 P38）

3cm

①塞满绿白混染线（约 2m）

❷制作装饰。

装饰

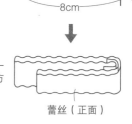

重合 2cm　蕾丝 28cm
13cm
①对折　蕾丝（正面）　1cm
8cm　③对折　②对折

蕾丝（正面）

注 花朵花样的背面是花瓣。

（X）**短环针**

①
用中指挑起线圈
左手的中指将线挑起后做成线圈，压住剩下的线。

②
如箭头所示插入钩针，压住线圈，将线拉出。

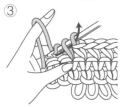

③
钩针钩线，如箭头所示引拔穿过两个线圈。
在针眼的对面完成线圈，短环针完成。

④
从背面看的图示。

❸缝合装饰，缝上挂链配件。

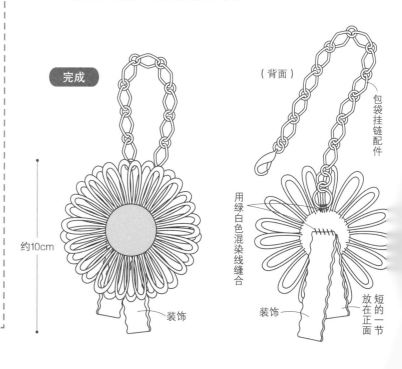

完成

约10cm

（背面）

包袋挂链配件

用绿白色混染线缝合

短的一节放在正面

装饰

装饰

P19 38

◆用线 HAMANAKA 手工编织线

编织草 淡紫色（173）5g、淡蓝色（175）5g、

藤棕色（53）5g

◆工具

5/0 号钩针

◆配件

胸针（30mm）1 个

◆制作要点

●花朵花样环形起针，参照图示编织。

❶编织花朵花样。

花朵花样 1朵

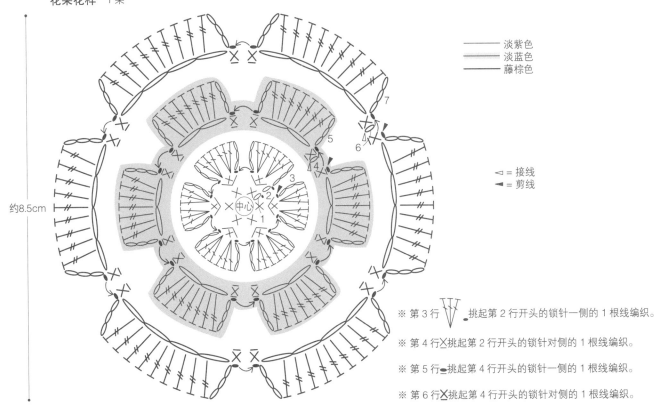

约8.5cm

——— 淡紫色
——— 淡蓝色
——— 藤棕色

◁ = 接线
◀ = 剪线

※ 第3行 挑起第2行开头的锁针一侧的1根线编织。

※ 第4行✕挑起第2行开头的锁针对侧的1根线编织。

※ 第5行 挑起第4行开头的锁针一侧的1根线编织。

※ 第6行✕挑起第4行开头的锁针对侧的1根线编织。

❷缝上胸针。

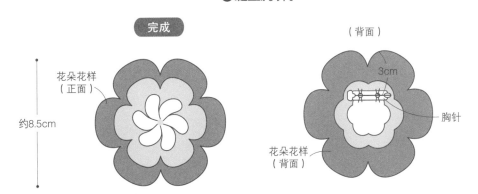

完成

（背面）

花朵花样
（正面）

约8.5cm

3cm

胸针

花朵花样
（背面）

39

40

P20 39、40

◆用线
39 HAMANAKA 手工编织线
Brillian 青色（21）15g
40 DARUMA 手编线
麻线、银线 灰色（4）15g
◆工具
4/0 号钩针
◆配件
胸针（30mm）各 1 个
珍珠串珠（3mm）13 个（只限 39）

◆制作要点
●花朵锁针起针，参照图示编织。
●底部、花蕊环形起针，参照图示编织。

❶编织花朵、底部、花蕊（只限 40）。

花朵　各 1 朵

B（花瓣 9 朵）

约5cm

收针
起针

7

5

←1

A（花瓣 6 朵）

约4cm

5

←1

锁 30 针

中心

62

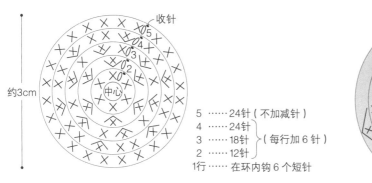

底部 各1个

约3cm

收针

5……24针（不加减针）
4……24针
3……18针（每行加6针）
2……12针
1行……在环内钩6个短针

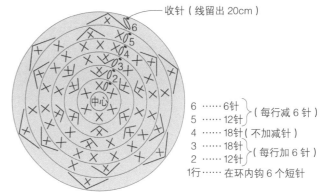

花蕊（只限40）

收针（线留出20cm）

6……6针（每行减6针）
5……12针
4……18针（不加减针）
3……18针（每行加6针）
2……12针
1行……在环内钩6个短针

❷卷起花朵。

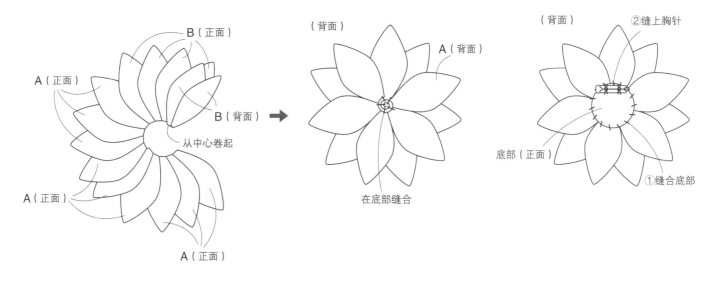

B（正面）

A（正面）

A（正面）

从中心卷起

A（正面）

（背面）

A（背面）

B（背面）

在底部缝合

❸缝合底部、胸针。

（背面）

②缝上胸针

底部（正面）

①缝合底部

❹在中心缝上串珠（只限39）、花蕊（只限40）。

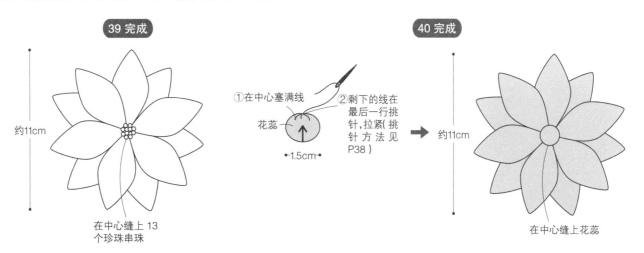

39 完成

约11cm

在中心缝上13个珍珠串珠

①在中心塞满线

②剩下的线在最后一行挑针,拉紧(挑针方法见P38)

花蕊

←1.5cm→

40 完成

约11cm

在中心缝上花蕊

P21 **41**

◆用线 OLMPUS 手编线
Souffle（细线）米白色（102）10g
◆工具
3/0 号钩针
◆配件
珍珠串珠（5mm）3 个
胸针（25mm）1 个

◆制作要点
●花朵花样、底部环形起针，参照图示编织。
●叶子、茎部锁针起针，参照图示编织。

❶编织花朵花样、叶子、茎部、底部。

花朵花样　3 朵

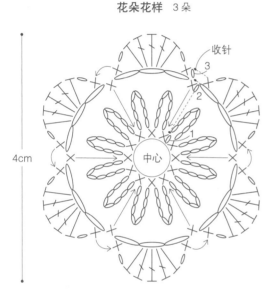

叶子　5 片

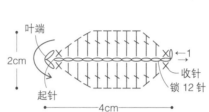

茎部　4 个

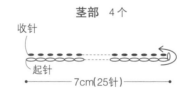

底部　1 个

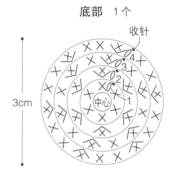

4 ……24 针	
3 ……18 针	（每行加 6 针）
2 ……12 针	
1行……在环内钩 6 个短针	

❷花朵花样缝上串珠，缝合花朵花样、叶子、茎部。

❸缝合底部，缝上胸针。

完成

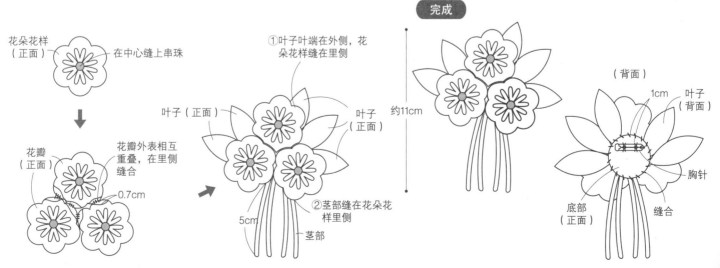

P23 *43*

◆用线 HAMANAKA 手工编织线
亚麻 C 米白色（1）10g、杏色（3）5g
◆工具
3/0 号钩针
◆配件
HAMANAKA 蕾丝花边（H804-023-900、宽 60mm）44cm
水钻（紫色）60 个
胸针（25mm）1 个

◆制作要点
●花朵花样、底部环形起针，参照图示编织。
●花蕾 A、花蕾 B 锁针起针，参照图示编织。

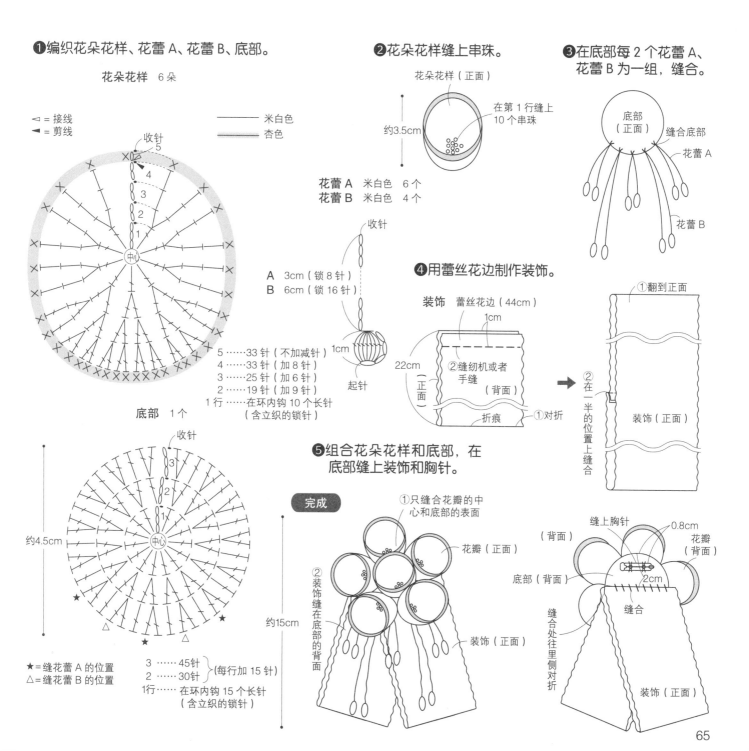

❶编织花朵花样、花蕾 A、花蕾 B、底部。

花朵花样 6 朵

◁ = 接线
◀ = 剪线

—— 米白色
━━ 杏色

收针
中心

5……33 针（不加减针）
4……33 针（加 8 针）
3……25 针（加 6 针）
2……19 针（加 9 针）
1 行……在环内钩 10 个长针（含立织的锁针）

底部 1 个

约4.5cm

收针
中心

★=缝花蕾 A 的位置
△=缝花蕾 B 的位置

3……45 针（每行加 15 针）
2……30 针
1行……在环内钩 15 个长针（含立织的锁针）

❷花朵花样缝上串珠。

花朵花样（正面）

在第 1 行缝上 10 个串珠

约3.5cm

花蕾 A 米白色 6 个
花蕾 B 米白色 4 个

收针
A 3cm（锁 8 针）
B 6cm（锁 16 针）
1cm
起针

❸在底部每 2 个花蕾 A、花蕾 B 为一组，缝合。

底部（正面）
缝合底部
花蕾 A
花蕾 B

❹用蕾丝花边制作装饰。

装饰 蕾丝花边（44cm）
1cm
②缝纫机或者手缝（背面）
22cm（正面）
折痕
①对折

①翻到正面
②在一半的位置上缝合
装饰（正面）

❺组合花朵花样和底部，在底部缝上装饰和胸针。

完成

①只缝合花瓣的中心和底部的表面
花瓣（正面）
②装饰缝在底部的背面
装饰（正面）
约15cm

缝上胸针
0.8cm
（背面）
花瓣（背面）
底部（背面）
2cm
缝合
缝合处往里侧对折
装饰（正面）

P22 42

◆用线 HAMANAK 手工编织线

水洗棉（蕾丝线）米白色（102）10g

◆工具

3/0 号钩针

◆配件

蕾丝 A　HAMANAKA 蕾丝花边（H804-013-900、
　　　　　宽 13mm）60cm

蕾丝 B　HAMANAKA 蕾 丝 花 边（H804-973、
　　　　　宽 55mm）22cm

胸针（25mm）1 个

◆制作要点

●花瓣从蕾丝 A 挑针，编织。

●花蕊、绳子锁针起针，参照图示编织。

●底部环形起针，参照图示编织。

❶编织花瓣、花蕊、绳子、底部。

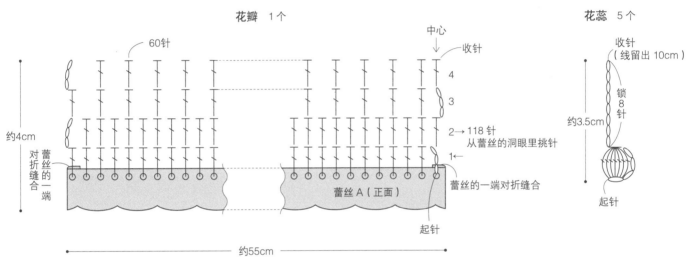

花瓣　1个

60针

中心 → 收针

4

3

2 → 118 针
从蕾丝的洞眼里挑针

1 ←

约4cm

蕾丝对折缝合的一端

蕾丝 A（正面）

蕾丝的一端对折缝合

起针

约55cm

花蕊　5个

收针（线留出 10cm）

锁 8 针

约3.5cm

起针

绳子　2根

50cm（锁 150 针）

底部　1个

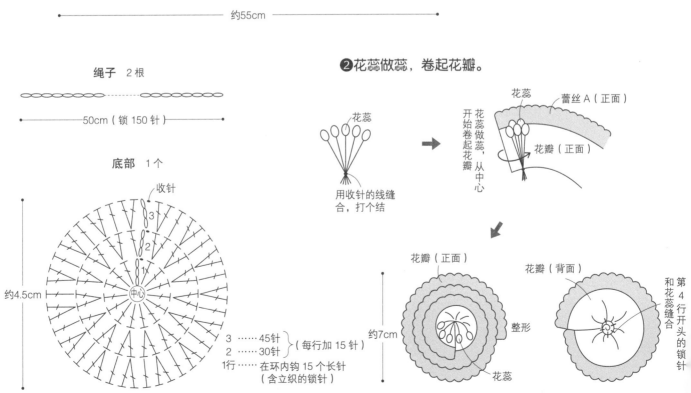

收针

3

2

1

中心

约4.5cm

3 ……45针（每行加 15 针）
2 ……30针
1行 …… 在环内钩 15 个长针
　　　　（含立织的锁针）

❷花蕊做蕊，卷起花瓣。

花蕊

用收针的线缝合，打个结

花蕊
蕾丝 A（正面）

花蕊做蕊，从中心开始卷起花瓣

花瓣（正面）

花瓣（正面）

花瓣（背面）

整形

花蕊

约7cm

第 4 行开头的锁针和花蕊缝合

❸制作装饰，缝上底部。

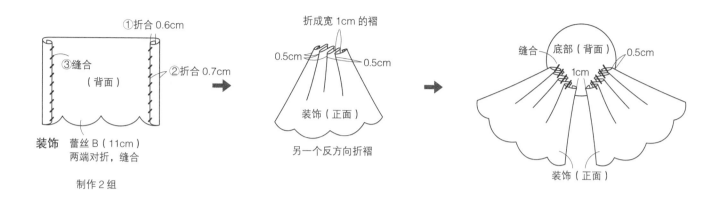

①折合 0.6cm

③缝合

（背面）

②折合 0.7cm

装饰 蕾丝 B（11cm）
两端对折，缝合

制作 2 组

折成宽 1cm 的褶

0.5cm   0.5cm

装饰（正面）

另一个反方向折褶

缝合 底部（背面） 0.5cm

1cm

装饰（正面）

❹绳子和底部缝合。

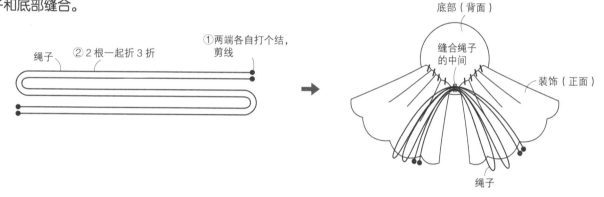

绳子

②2 根一起折 3 折

①两端各自打个结，
剪线

底部（背面）

缝合绳子
的中间

装饰（正面）

绳子

❺底部和花瓣缝合，缝上胸针。

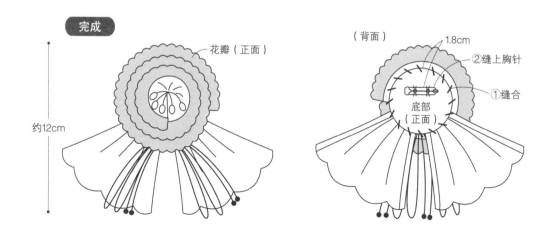

完成

花瓣（正面）

约12cm

（背面）

1.8cm

②缝上胸针

①缝合

底部
（正面）

P24 44

◆用线、丝带、蕾丝
HAMANAKA Laco Lab. Lacolab 材料包
（H902-004-4）1 套
纱线 A（绿色渐变）5m
纱线 B（淡绿色）5m
水溶花边花样 1 个
水溶花边（2 个四边形花样）约 3cm

◆配件
羊毛毡（苔绿色）7.5cm×4.5cm
圆珠（6mm）2 个
水滴夹（48mm）1 个
链子（宽 1mm）2cm 2 个
单圈（3mm）4 个
丁字针（20mm）2 个

下接 P69

❶制作底部。

实物大小的纸样

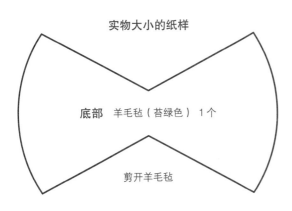

底部　羊毛毡（苔绿色）　1 个

剪开羊毛毡

❷制作蝴蝶结。

②涂上大量黏合剂　1cm 宽
厚纸
底部
①用曲别针固定底部

从左向右卷起 →

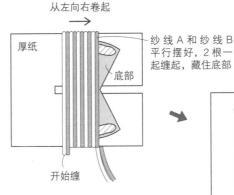

厚纸
底部
纱线 A 和纱线 B 平行摆好，2 根一起缠起，藏住底部
开始缠

1cm
①两端涂上黏合剂
②纱线 A 和纱线 B 一起从右向左缠起
③取下曲别针

注 黏合剂使用 HAMANAKA 透明黏合剂（透明强力黏合剂、H406-900）。

❸制作小挂件

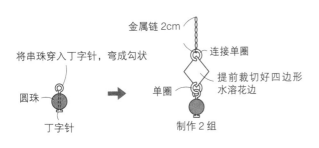

金属链 2cm
连接单圈
将串珠穿入丁字针，弯成勾状
提前裁切好四边形水溶花边
圆珠
单圈
丁字针
制作 2 组

※ 单圈的连接方法参照 P57。

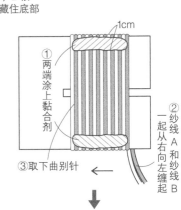

②从厚纸上取下
①用缝纫线系紧

T 字针的用法

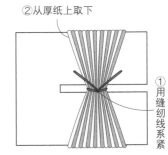

穿上串珠　T 字针 → 将串珠的一端用钳子拧弯 90° → 在 7mm 处剪断　7mm → 使用圆嘴钳做成圆环

上接 P68

❹粘上水滴夹。

（背面）

水滴夹涂上黏合剂，粘在蝴蝶结上

边缘涂黏合剂的一面在里侧

❺组合水溶花边花样、配件。

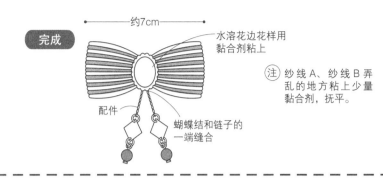

约7cm

完成

水溶花边花样用黏合剂粘上

配件

蝴蝶结和链子的一端缝合

注 纱线 A、纱线 B 弄乱的地方粘上少量黏合剂，抚平。

P24 45

◆用线、丝带

HAMANAKA Laco Lab. Lacolab 材料包（H902-006-4）1 套

纱线 A（米白色、淡蓝色、杏色混染）2m

丝带 (宽 25mm)12cm

◆工具

3/0 号钩针

◆配件

耳环配件（耳环部分 45mm×30mm）1 组

三角珠（2mm、茶褐色）24 个

三角珠（2mm、蓝色）22 个

※ 没有此种耳环配件时，可用单圈连接耳环和耳环配件。

---

❶短针编织耳环配件。

③穿入串珠

②用纱线 A 在耳环配件上钩 21 个短针

● =缝上三角珠（茶褐色）的位置

○ =缝上三角珠（蓝色）的位置

制作 2 个

5cm

收针

耳环配件

①纱线 A 打结

※ 耳环的起针参照发绳的编织方法（P75）。

穿串珠方法

串珠

串珠

串珠

❷制作蝴蝶结。

0.4cm

①涂上黏合剂

（背面）

带子（6cm）

带子（正面）

②在中间重合 0.4cm

折起 0.5cm

（正面）

带子（正面）

折起 0.5cm

在折之前涂上黏合剂

②缝上串珠

三角珠（茶褐色）

三角珠（蓝色）

①在中间缝合，拉紧

制作 2 个

❸缝上蝴蝶结。

完成

耳环配件

蝴蝶结用黏合剂粘在耳环上

0.5cm 宽

起针和收针的线缠在耳环上，用黏合剂固定，剪线

制作 2 个

注 黏合剂使用 HAMANAKA 透明黏合剂（透明强力黏合剂、H406-900）。

P25 46

◆用线、丝带

HAMANAKA Laco Lab. Lacolab 材料包
（H902-006-1）1 套
纱线 A（银丝线）5m
纱线 B（粉色）5m
纱线 C（米白色、灰色、杏色混染）5m
丝带（宽 25mm）50cm

◆工具

4/0 号钩针

◆配件

发绳（宽 2mm）22cm

◆制作要点

●缘编 A、缘编 B、缘编 C 丝带挑针编织。

❶带子卷成圈，对折。

1cm

内侧涂黏合剂，卷成圈

带子（正面）

带子（50cm）

↓

注 黏合剂使用 HAMANAKA
透明黏合剂（透明强力黏
合剂，H406-900）。

带子（正面）

对折

❷编织缘编 A、缘编 B、缘编 C。

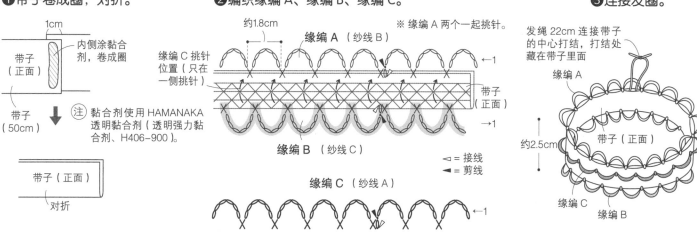

约1.8cm

缘编 A（纱线 B）

※ 缘编 A 两个一起挑针。

缘编 C 挑针位置（只在一侧挑针）

带子（正面）

←1

→1

缘编 B（纱线 C）

◁ = 接线
◀ = 剪线

缘编 C（纱线 A）

←1

❸连接发圈。

发绳 22cm 连接带子
的中心打结，打结处
藏在带子里面

缘编 A

约2.5cm

带子（正面）

缘编 C

缘编 B

P28 52

◆用线、蕾丝

HAMANAKA Laco Lab. Lacolab 材料包
套装 A（H902-004-1）1 套
纱线 B（米白色）5m
水溶花边（宽 13mm）约 13cm（9 朵花）
套装 B（H902-004-2）1 套
纱线 B（粉色）5m

◆工具

4/0 号钩针

◆配件

珍珠串珠（3mm、粉色）9 个
发绳（外直径约 5.5cm）环形 1 个

◆制作要点

●在编织包住发绳的同时，引拔编织发圈 A。
●在编织包住发绳的同时，在发圈 A 的针眼之间编织发圈 B。

❶编织发圈 A、发圈 B。

编织 27 个图案

1 个图案

—— 米白色
—— 粉色

发圈 A

起针

发圈 B

收针

编织 27 个图案

1.5cm

1.5cm

▲ = 缝蕾丝、串珠位置

◁ = 接线
◀ = 剪线

1

1

❷缝蕾丝、串珠。

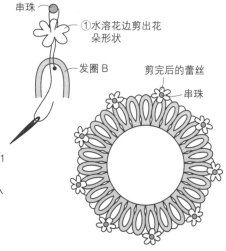

串珠

①水溶花边剪出花朵形状

发圈 B

剪完后的蕾丝

串珠

70

P25 47

◆用线、丝带
HAMANAKA Laco Lab. Lacolab 材料包
（H902-006-1）1 套
纱线 A（银丝线）5m
纱线 B（粉色）2.5m
纱线 C（米白色、灰色、杏色混染）5m
丝带（宽 25mm）50cm
◆工具
4/0 号钩针

◆配件
羊毛毡（焦茶色）4cm×4cm
珍珠串珠（2mm）14 个
发绳（宽 2mm）20cm
◆制作要点
●花朵 C 环形起针，参照图示编织。

❶制作花朵 A。

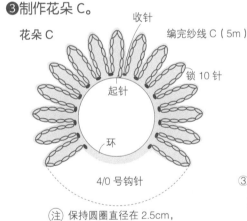

带子（50cm）
剪成 6 等份
带子对折
缝成一串
约2.5cm
拉紧

❷制作花朵 B。

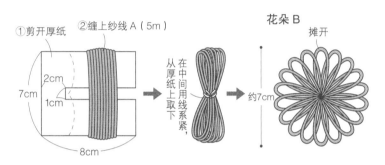

①剪开厚纸
②缠上纱线 A（5m）
2cm
7cm
1cm
8cm
从厚纸上用线系下
在中间用线系紧，取下
花朵 B
摊开
约7cm

❸制作花朵 C。

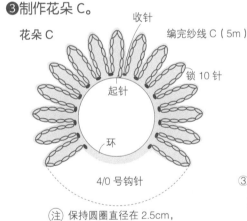

花朵 C
收针
编完纱线 C（5m）
锁 10 针
起针
环
4/0 号钩针
注 保持圆圈直径在 2.5cm，不缩小。

❹制作花蕊。

纱线 B（2.5m）
拉紧纱线 B 的一端，解开纱线 B 的针眼
①剪开厚纸
②解开的纱线 B 全部缠上
2cm
3cm
0.7cm
6cm
②剪开两端
①在中间打结
剪成半球体，整形
←2.5cm→

❺重叠缝合花朵 A、花朵 B、花朵 C、花蕊。

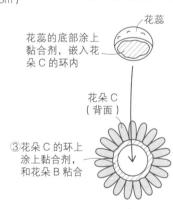

花蕊
花蕊的底部涂上黏合剂，嵌入花朵 C 的环内
花朵 C（背面）
③花朵 C 的环上涂上黏合剂，和花朵 B 粘合
花朵 B
①涂上黏合剂
②花朵 B 粘在花朵 A 上
花朵 A

❻缝合串珠、底部。

完成

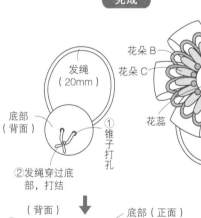

发绳（20mm）
底部（背面）
①锥子打孔
②发绳穿过底部，打结

（背面）
②花朵 B 粘在花朵 A 上

底部（正面）
在底部背面涂上黏合剂，粘上花朵 A

花朵 A
缝上串珠（14 个）
花朵 B
花朵 C
花蕊

实物大小的纸样
底部
羊毛毡（焦茶色）
打孔位置

注 黏合剂使用 HAMANAKA 透明黏合剂（透明强力黏合剂、H406-900）。

P26 48

◆用线、蕾丝

HAMANAKA Laco Lab. Lacolab 材料包
（H902-004-4）1 套
纱线 A（绿色渐变）5m
纱线 B（淡绿色）2.5m
花样水溶花边 1 个
水溶花边（宽 15mm）30cm

◆配件

羊毛毡（杏色）3cm×3cm
胸针（25mm）1 个

注 黏合剂使用 HAMANAKA 透明黏合剂（透明强力黏合剂、H406-900）。

❶制作花朵。

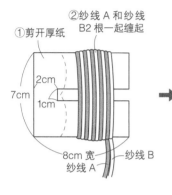

①剪开厚纸
②纱线 A 和纱线 B2 根一起缠起
2cm
1cm
7cm
8cm 宽
纱线 B
纱线 A

②从厚纸上取下，剪开两端
①用缝纫线缠 6~7 圈，打结系紧

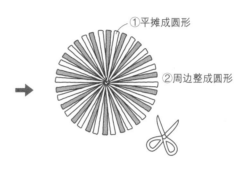

①平摊成圆形
②周边整成圆形

实物大小的纸样

底部
羊毛毡（杏色）
1 个

❷缝上水溶花边。

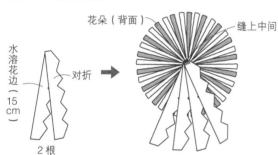

水溶花边（15cm）
对折
2 根
花朵（背面）
缝上中间

❸缝合花样水溶花边、底部。

完成

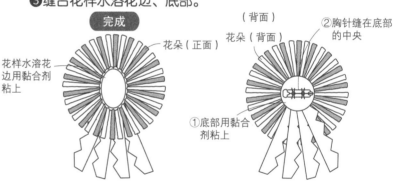

花样水溶花边用黏合剂粘上
花朵（正面）
（背面）
花朵（背面）
②胸针缝在底部的中央
①底部用黏合剂粘上

P72 50

◆用线、蕾丝

HAMANAKA Laco Lab. Lacolab 材料包
（H902-004-4）1 套
纱线 A（绿色渐变）2m
花样水溶花边 1 个
水溶花边（宽 15mm）约 12cm

◆配件

水钻（8mm、浅橙色）1 个
大圆珠（金色）1 个
链子（宽 1.5mm）50cm
单圈（4mm）11 个
T 字针（20mm）1 个
连接扣 1 组

下接 P73

❶制作流苏。

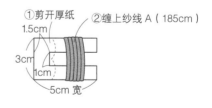

①剪开厚纸
②缠上纱线 A（185cm）
1.5cm
3cm
1cm
5cm 宽

③连接单圈
①纱线 A（15cm）打结
约3cm
②和作品 49 的流苏一样用缝纫线打结，缠上水溶花边

P27 49

◆用线、蕾丝
HAMANAKA Laco Lab. Lacolab 材料包
（H902-004-4）1 套
纱线 A（绿色渐变）5m
纱线 B（淡绿色）2.5m
水溶花边花样 1 个
水溶花边（宽 15mm）约 8cm

◆配件
水滴珠（3mm、黄色）3 个
链子（宽 1.5mm）18cm
单圈（5mm）2 个
单圈（3mm）3 个
单圈（2mm）7 个
龙虾扣 1 个

❶制作流苏。

纱线 A（250cm）　对折　纱线 B（485cm）

①剪开厚纸

②纱线 A 和 3 根纱线 B 一起全部缠上
2cm　1cm　7cm
8cm 宽　纱线 B
纱线 A

②打结处涂上黏合剂

①用纱线 B（15cm）系紧
③剪开打结处的对面

①用缝纫线缠 5~6 圈打结，打结处涂上黏合剂
1cm
②剪开整平

水溶花边涂上黏合剂，缠上
0.7cm

❷制作花朵。

①剪开厚纸
1.5cm　3cm　1cm　5cm 宽
②缠上纱线 A（250cm）

注 黏合剂使用 HAMANAKA 透明黏合剂（透明强力黏合剂、H406-900）。

花朵（正面）
①和作品 48 一样摊成圆形
②从水溶花边剪下 2 个四边形花样，用黏合剂粘在正反面
③只在表面缝上 3 个串珠

❸在流苏、花朵、水溶花边连接上单圈，连上链子。

花朵（背面）
①打开单圈（2mm）连上水溶花边
②连接单圈（3mm）

完成

龙虾扣
单圈（5mm）　单圈（2mm）　单圈（2mm）
连上单圈（2mm）
2.5cm
链子（18cm）　2.5cm
2cm
1cm 1cm
1cm
3 从水溶花边剪下个四边形花样
水溶花边花样
单圈（3mm）连接链子
单圈（5mm）连接流苏的打结处
7cm

上接 P72

❷制作配件。

水钻、大圆珠用 T 字针连接，做成圆环（T 字针的连接方法见 P68）
水钻
大圆珠

配件
单圈
单圈
水溶花边花样

※单圈的连接方法参照 P57。

❸链子上连接流苏、配件、水溶花边。

链子（50cm）
单圈　连接扣　单圈

完成

③单圈和链子连接
3cm
①在中间连接流苏和单圈
3cm
3cm
3.5cm　3.5cm
3cm
连接单圈
从水溶花边剪下 6 个四边形花样
流苏
②在流苏的旁边连接水溶花边花样的单圈

P29　53、54

◆用线 HAMANAKA 手工编织线
水洗棉（蕾丝线）
53 粉色（113）25g、玫瑰红色（115）10g
54 绿色（108）25g、米白色（102）10g
◆工具
3/0 号钩针
◆配件
发绳（外直径约5.5cm）环形 各1个

◆制作要点
● 发圈 A、发圈 B 的第1行包住发绳编织，参照图示编织。
● 带子 A、带子 B 锁针起针，参照图示编织。

❶编织发圈 A、发圈 B、带子 A、带子 B。

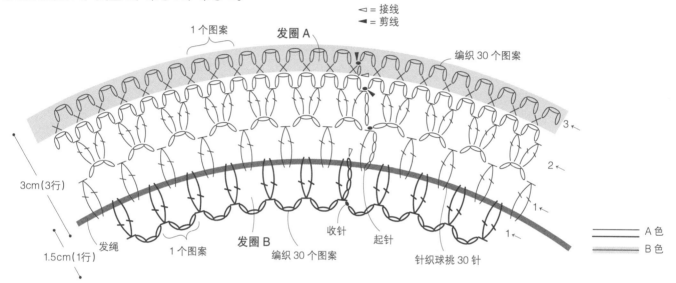

◁ = 接线
◀ = 剪线

1个图案　　发圈 A　　编织 30 个图案

3cm（3行）

1.5cm（1行）

发绳　　1个图案　　发圈 B　　编织 30 个图案　　收针　　起针　　针织球挑 30 针

▭ = A 色
▭ = B 色

53　带子 B　1个

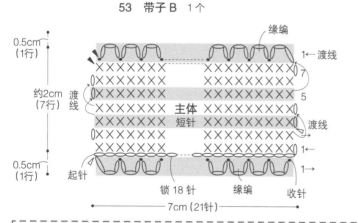

0.5cm（1行）　　缘编　　1←渡线
约2cm（7行）　　渡线　　主体　短针　　渡线
0.5cm（1行）　　起针　　锁 18 针　　缘编　　收针
7cm（21针）

54　带子 B　1个

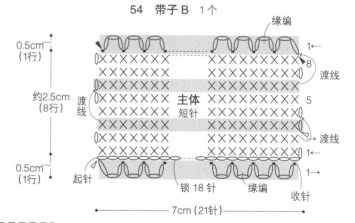

0.5cm（1行）　　缘编　　1←
约2.5cm（8行）　　渡线　　主体　短针　　渡线
0.5cm（1行）　　起针　　锁 18 针　　缘编　　收针
7cm（21针）

编织条纹时的换线方法

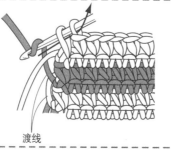

不剪断编好的线，先放一边，下次配色时渡线编织。

渡线

配色表

	A 色	B 色
53	粉色	玫瑰红色
54	绿色	米白色

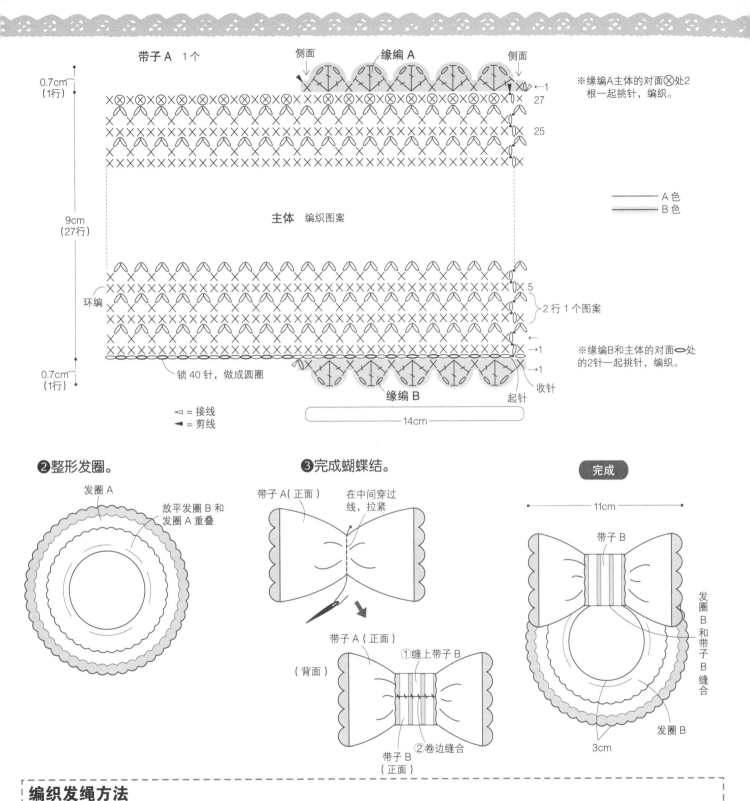

带子 A 1个

0.7cm (1行)

侧面　缘编 A　侧面

←1
27
25

※缘编A主体的对面⊗处2根一起挑针，编织。

—— A色
—— B色

9cm (27行)

主体　编织图案

环编

5
2行1个图案
←
→1

※缘编B和主体的对面◯处的2针一起挑针，编织。

0.7cm (1行)

锁40针，做成圆圈

缘编 B

收针
起针

←1

◁ = 接线
◀ = 剪线

14cm

❷整形发圈。

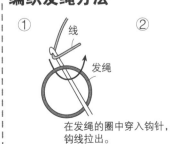

发圈 A

放平发圈 B 和发圈 A 重叠

❸完成蝴蝶结。

带子 A (正面)
在中间穿过线，拉紧

带子 A (正面)

（背面）

①缠上带子 B

②卷边缝合

带子 B (正面)

完成

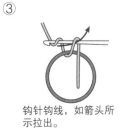

11cm

带子 B

发圈 B 和带子 B 缝合

发圈 B

3cm

编织发绳方法

① 线　发绳
在发绳的圈中穿入钩针，钩线拉出。

②

③ 钩针钩线，如箭头所示拉出。

④ 接着编织第1行的立织锁针。

⑤ 立织1个锁针
如箭头所示穿针编织。

P30 55

◆用线、蕾丝、印花布

HAMANAKA Laco Lab. Lacolab 材料包
（H902-002-5）1 套
纱线 A（带银线的黑线）5m
纱线 B（黑线）5m
印花布（宽 35mm）5cm
※纱线 B 和套装 A、套装 B 相通
套装 B
HAMANAKA Laco Lab. Lacolab 材料包
（H902-004-5）1 套

纱线 A（银线）5m
纱线 B（黑线）5m
水溶花边花样 1 个
水溶花边（宽 15mm）约 7cm

◆工具
4/0 号、3/0 号钩针

◆配件
水钻（4mm）5 个
珍珠串珠（6mm）1 个
包扣（18mm）1 个

胸针（20mm）1 个
链子（宽 1.5mm）30cm
T 字针（20mm）6 个
单圈（4mm）7 个
单圈（3mm）7 个
龙虾扣 1 个

◆制作要点
●钥匙花样环形起针，参照图示编织。

❶编织钥匙花样。

钥匙花样　1 个
纱线 A（银线）3/0 号钩针

下接 P77

约4.5cm
中心
起针
线留出 20cm 剪断，锁 3 针穿线
起针的线做蕊，短针编织
起针的线留出 20cm
收针（线留出 10cm）
穿过纱线 A（银线、10cm）
打结
①起针和收针的线穿过花样中间
②涂上黏合剂，固定

❷编织绳子 A、绳子 B、绳子 C。

绳子 A　纱线 A（带银线的黑线）1 个　3/0 号钩针
20cm(55针)

绳子 B　纱线 A（银线）1 个　3/0 号钩针
21cm(70针)

绳子 C　纱线 B（黑线）1 个　4/0 号钩针
25cm(65针)

❸制作流苏。

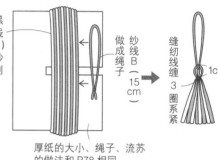

纱线 A（带银线的黑线、200cm）和纱线 B（黑线、150cm）一起开始缠，缠完纱线 B 后将纱线 A 缠到最后

做成绳子
纱线 B（15cm）
缝纫线缠 3 圈系紧
1c

厚纸的大小、绳子、流苏的做法和 P78 相同

❹制作包扣，链子和龙虾扣与单圈连接。

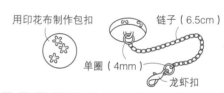

用印花布制作包扣
链子（6.5cm）
单圈（4mm）
龙虾扣

P31 56

◆用线 HAMANAKA 手工编织线
水洗棉（蕾丝线）杏黄色（117）5g

◆工具
3/0 号钩针

◆配件
HAMANAKA 蕾丝花边（H907-005）（宽 60mm）3cm
HAMANAKA 带龙虾扣的挂件（H231-008-2）1 个
单圈（5mm）1 个

◆制作要点
●花样环形起针，参照图示编织。

❶编织花样。

花样 1 个
连接单圈位置
收针
起针
中心

❷剪断蕾丝。

连接单圈位置
装饰 B
剪断
装饰 A
蕾丝花边

❸单圈连接花样、装饰 A、装饰 B。

完成

的带挂件龙虾扣
3 个一起穿过单圈
5cm
装饰 B
花样
装饰 A

⑤制作绳子 D。 上接 P76

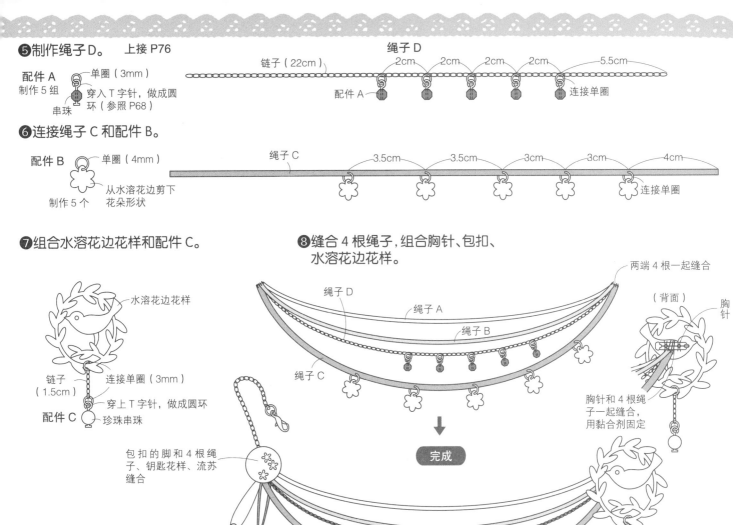

绳子 D

配件 A
制作 5 组

单圈（3mm）
穿入 T 字针，做成圆环（参照 P68）
串珠

链子（22cm） 2cm 2cm 2cm 2cm 5.5cm
配件 A 连接单圈

⑥连接绳子 C 和配件 B。

配件 B
制作 5 个

单圈（4mm）
从水溶花边剪下花朵形状

绳子 C 3.5cm 3.5cm 3cm 3cm 4cm
连接单圈

⑦组合水溶花边花样和配件 C。

水溶花边花样

链子（1.5cm）
连接单圈（3mm）
穿上 T 字针，做成圆环
珍珠串珠
配件 C

包扣的脚和 4 根绳子、钥匙花样、流苏缝合

钥匙花样
流苏

⑧缝合 4 根绳子，组合胸针、包扣、水溶花边花样。

两端 4 根一起缝合
（背面）
胸针

绳子 D
绳子 A
绳子 B
绳子 C

胸针和 4 根绳子一起缝合，用黏合剂固定

完成

P31　57

◆用线 HAMANAKA 手工编织线
水洗棉（蕾丝线）杏黄色（117）5g、
米白色（102）5g
工具 3/0 号钩针
◆配件
HAMANAKA 蕾丝花边（H907-005）
（宽 60mm）3cm
HAMANAKA 带龙虾扣的挂件
（H231-008-2）1 个
单圈（5mm）1 个
◆制作要点
●花样 A 环形起针，参照图示编织。
●花样 B 锁针起针，参照图示编织。

❶编织花样 A、花样 B。

花样 A
连接单圈位置
米白色
杏色
4cm
中心
◁ = 接线
◀ = 剪线
1.5cm
3

连接单圈位置　花样 B
米白色
收针 3cm 起针
4.5cm

❷单圈连接花样装饰 A、装饰 B。

完成

※装饰 A、装饰 B 和作品 56 相同。

带龙虾扣的挂件
花样 B
花样 A
4 根一起穿过单圈
装饰 B
装饰 A

P28 **51**

◆用线、蕾丝
HAMANAKA Laco Lab. Lacolab 材料包
（H902-004-2）1 套
纱线 A（粉色渐变）5m
纱线 B（粉色）5m
水溶花边花样 1 个
水溶花边（宽 15mm）约 3cm
◆工具
4/0 号钩针

◆配件
粉色布（棉）10cm×10cm
串珠（5mm、透明）25 个
包扣（27mm）1 个
发绳（宽 3mm）环形 1 个
◆制作要点
●在编织包住发绳的同时，短针编织发圈。

注 黏合剂使用 HAMANAKA
透明黏合剂（透明强力黏
合剂、H406-900）。

❶制作流苏。

8cm
厚纸
5.5cm
10.5cm
3cm
0.5cm
5cm
剪开厚纸

纱线 B（15cm）
绳子
打结
1cm

①纱线 A（500cm）和纱
线 B（85cm）一起开始
缠，纱线 B 缠完后将纱
线 A 缠到最后

绳子插入缠起的
线和厚纸中间

绳子也一起用缝纫
线缠 3 圈，打结

①从厚纸上取下，
剪开两侧

②拉下
绳子

用缝纫线缠
3圈，打结
1cm

水溶花边（3cm）涂上
黏合剂，缠在流苏上

❸制作包扣，缝合发圈。

①粉色布制作包扣
②水溶花边花样用
黏合剂粘上

❷编织发圈。

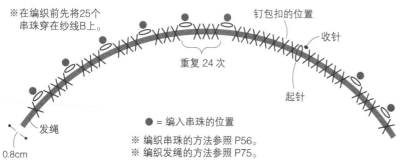

发圈 纱线 B

※在编织前先将25个
串珠穿在纱线B上。

钉包扣的位置
重复 24 次
收针
起针
发绳
0.8cm

● = 编入串珠的位置
※ 编织串珠的方法参照 P56。
※ 编织发绳的方法参照 P75。

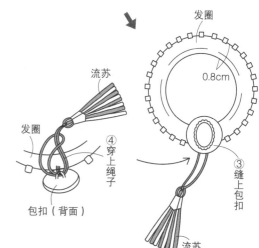

发圈
0.8cm
流苏
发圈
④穿上绳子
包扣（背面）
③缝上包扣
流苏

钩针编织

● **起针** 开始编织作品的第一行时，以锁针或者环形钩出的基础针就称作"起针"。
每个作品，开头都是从起针开始编织的。

锁针起针

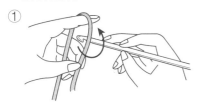
① 钩针朝向毛线，如箭头所示绕钩针一圈。

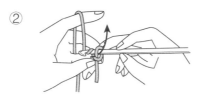
② 左手压住绕好的线头，钩针钩住线后拉出，拉紧。

③ 钩针钩住线拉出。

④ 依照同样的方法重复编织。

环形起针

※ 以短针钩编第一行为例来说明。

① 毛线绕手指两圈。

② 钩针穿入环中，钩住线后拉出。

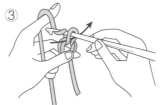
③ 如此钩出第一行立织锁针。

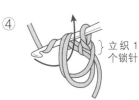
④ 立织1个锁针
钩针穿入环中钩住线后，如箭头所示拉出，短针钩好。

⑤ 完成1个立织锁针和1个短针。

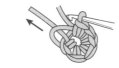
⑥ 如果已经在环中钩好所需的针数，就拉住一端的线头，将转动的环拉紧，使其缩成一环。

⑦ 拉住线头，又缩成一环。

⑧ 在第1个的短针处如箭头所示穿入钩针，再钩引拔针。

● 钩针的记号和钩法

⬭ 锁针	⬮ 引拔针	✕ 短针	🔗 狗牙拉针
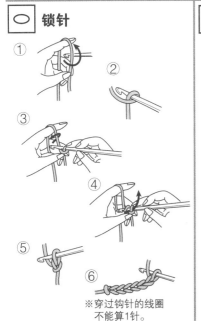①②③④⑤⑥ ※穿过钩针的线圈不能算1针。	① 如箭头所示穿入钩针。 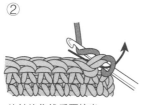② 钩针钩住线后再拉出。	① 如箭头所示穿入钩针。 立织1个锁针 ② ③ 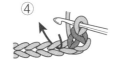④	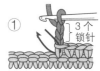① 钩3个锁针，如箭头所示穿入钩针。 3个锁针 ② 钩针钩住线后再拉出。 ③

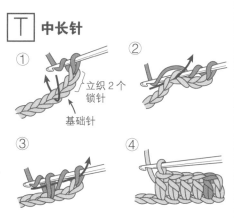

中长针

① 立织2个锁针　基础针
② ③ ④

长针

① 立织3个锁针　基础针
② ③ ④ ⑤

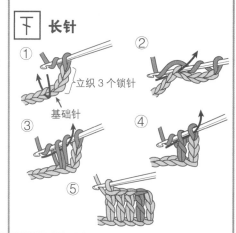

3个长针的球形针

① ②
在前行相同的针眼里，钩3个未完成的长针。

③ ④
钩针拉出一次。

※  以同样的方法钩5个长针。

三卷长针

① 3次　立织5个锁针　基础针
线在钩针上绕3圈，如箭头所示穿入钩针。
② 在穿过针的线圈里，每隔2个引拔穿过。
③ ④ ⑤ ⑥

5个长针的爆米花针

※  以同样的方法钩6个长针。

① 钩5个长针，钩针离开环后，如图所示再穿入针眼。
② 钩针如箭头所示拉出。
③ 钩针钩住线后，如箭头所示拉出。
④

表引短针

① 如箭头所示穿入钩针，钩线后拉出，钩短针。
② 再钩1个短针
③

短针2针加针

① 钩1个短针。
② 在同一个针眼里，再钩1个短针。
③

短针2针并1针

① 钩2个未完成的短针。
② 将钩针拉出。
③

长针2针并1针

① 钩2个未完成的长针。
② 将钩针拉出。
③

※ "未完成"是指，再钩1次（短针或者长针等）就可完成的状态。

短针3针加针

① 钩1个短针。
② 在同一个针眼里，再钩2个短针。
③

法式结粒绣

① 缝针　线穿过正面，绕着针缠指定的圈数（图为2圈）。1 出
② 2入　1　将针插入①的出针处附近。
③ 将针从背面拔出，拉紧线就做好了。
④

钉纽扣

钉纽扣时，要使用同色线或者缝纫线。如果同色线太粗，可以将线分开，重新捻好（如图所示），这样用起来比较方便。

同色线　粗线分开使用

① 纽扣（背面）
② 纽扣　织物　根据织物的厚度来决定线的长度。